EL FUTURO
YA ESTÁ AQUÍ

EL FUTURO
YA ESTÁ AQUÍ

Jorge Blaschke

© 2016, Jorge Blaschke
© 2016, Redbook ediciones, s. l., Barcelona

Diseño de cubierta: Regina Richling
Fotografía de cubierta: Shutterstock

Diseño interior: Regina Richling

ISBN: 978-84-15256-88-5

Depósito legal: B - 933-2016

Impreso por Sagrafic Plaza Urquinaona, 14 7º 3ª, 08010 Barcelona

Impreso en España — *Printed in Spain*

ÍNDICE

INTRODUCCIÓN

Vivimos en una aceleración del tiempo que provoca que el futuro se convierta en presente. Nuestro presente se vuelve obsoleto de un día para otro.

Si hace cien años le hubiéramos explicado a un ciudadano de aquella época, que hoy cada ciudad importante de su país dispondría de un aeropuerto del que saldrían cientos de aviones diarios con miles de pasajeros que se desplazarían a otras ciudades y que por el mundo habría millones de personas volando, no se lo habría creído. Hoy podemos, casi afirmar, que dentro de 25 años, en cada país desarrollado habrá un cosmódromo con naves diarias que despegarán con destino a las colonias de la Luna y Marte, al margen de naves turísticas con destino a estaciones espaciales o realizando placenteros vuelos orbitales. Así como naves industriales con destino a los asteroides para extraer productos de minería.

Esta es una predicción casi posible, pero siempre cabe la posibilidad del azar que distorsione los proyectos de los humanos. Una catástrofe global, un enfrentamiento bélico entre las grandes naciones, una epidemia incontrolable o el descubrimiento de otra manera de viajar al espacio sin la utilización de naves, pueden cambiar estas predicciones y el mundo tomar otros rumbos. Lee Smolin, físico teórico del Perimeter Institute de Waterloo (Ontario), destacaba en 2002 que existe un umbral que oscila entre los cincuenta y los cien años, más allá del cual parece de todo inútil especular detalles acerca de la evolución científica. Hoy, con la tecnología emergente de forma exponencial, ese umbral no supera los 10 o 15 años.

El lector puede preguntarse en qué me he basado para especular sobre el futuro que viene. Indudablemente no he ido a visitar a una pitonisa, ni he consultado una bola de cristal o el péndulo de algún mago. En principio hay que poseer mucha información de lo que se está cociendo en los principales laboratorios, instituciones y organismo oficiales del mundo. Hay que saber qué se investiga y en qué recursos económicos se está invirtiendo, qué proyectos hay en cartera y cuáles se están ya desarrollando. Cabe destacar que siempre es posible que un pequeño laboratorio o centro de investigación nos depare una sorpresa, por lo que no hay que olvidar a ciertos investigadores privados como el biólogo y genetista Craig Venter que va por libre, o el cirujano italiano Sergio Canavero anunciando un inesperado trasplante de cabeza humana.

La fórmula habitual para realizar un pronóstico es analizar la prolongación en el tiempo de las tendencias actuales. Posiblemente no nos equivocaremos si afirmamos que la población mundial en el 2025 será de 8.200 millones de habitantes y en el 2050 de 9.600. Pero siempre puede ocurrir que una epidemia global, una guerra o un asteroide imprevisto fulminen millones de personas.

La fórmula estadística nos sirve para predecir, salvo acontecimientos inesperados que nos depara el futuro, que podemos asegurar desde el producto doméstico bruto o la economía personal a los cambios de población. La predicción aumenta de inseguridad cuando esta se aleja más en el tiempo presente. Sólo garantizan un plazo más lejano de predicción aquellos procesos que tengan una gran inercia, como el caso del crecimiento de la población o el aumento de gases invernadero. Los modelos asistidos por ordenador constituyen una herramienta potente para explorar el futuro, pero esos modelos tienen que estar combinados con algoritmos que creen diversos escenarios hipotéticos. Podemos a través de un ordenador, dándole la información correcta, predecir la órbita que tendrá un asteroide que pasa cerca de la Tierra, pero no podemos predecir cuándo se producirá otro accidente de avión a causa de un copiloto que enloquece y decide estrellar su aparato. Sabemos, a partir del número de vuelos, cuál es la probabilidad que una compañía aérea tenga un accidente, pero es imposible predecir en qué momento y en qué aeronave. No cabe duda que la puntualidad en las revisiones, la experiencia de los pilotos, los recambios en la fatiga del material y las condiciones atmosféricas serán datos importantes para realizar una predicción, pero siempre estará el azar y lo que no se consideró previsible. Vivimos en un mundo cuántico y como tal todo son probabilidades.

Para predecir el futuro, en un presente cambiante, no caben las presuposiciones, ya que en este mismo instante una tecnología emergente puede estar transformando todo el futuro que se ha ha predecido. Cada predicción requiere nuevas preguntas y nuevas respuestas que mejoren el resultado.

Hace unos cuarenta años era fácil predecir cambios tecnológicos, hoy cualquier novedad tecnológica está superada en pocos meses por otra mejor, más barata y más práctica. Hoy un negocio basado en un nuevo producto tecnológico significa estar preparado para bajar la persiana de ventas de ese producto y ofrecer, a la semana siguiente, su sustituto nuevo. Cuando creamos en los años ochenta el grupo de Prospectiva de Barcelona queríamos emular a la Rand Corporation, que hacía futuribles pronosticando los siguientes 20 o 30 años. Pues bien, falló en casi todo, no acertó ni un pronóstico. Aún menos consideró la aparición de internet que cambiaría el mundo.

Los acontecimientos inesperados pueden aparecer en forma de pequeños cambios que son susceptibles de provocar una enorme complejidad en lo pronosticado, y lo más grave es que estos cambios no han sido, en muchos casos, capaces de detectarse, como fue el caso de internet que transformó el mundo.

El agua es uno de los recursos naturales de mayor importancia en la Tierra. Y quizá en el futuro escasee para muchos habitantes.

Otros problemas se intuyen, como el hecho que en el futuro vamos a tener que enfrentarnos a escasez de agua, a la falta de una alimentación adecuada para todos, a la disminución de los bosques y las selvas, al calentamiento global, al terrorismos internacional, a la libertad de privacidad, a cambios de los sistemas políticos, a la aparición de nuevas enfermedades importadas de otros países como la fiebre chikungunya o dengue introducido en el continente europeo por el tráfico de viajeros y mercancías procedentes de África. Y especialmente grandes cambios sociales que afectarán a los lectores de este libro y para los cuales tienen que estar preparados.

La mayor dificultad que se tiene al predecir el futuro es que las materias están cada vez más interrelacionadas. Por una parte se puede predecir un progreso en las computadoras para ayudarnos a través de chips instalados en nuestros cerebros y hacernos más inteligentes, y por otro lado, la biotecnología puede descubrir un nootrópico (*smart drug*) que nos haga más inteligentes con sólo tomar dos comprimidos al día. Estas interrelaciones entre materias nos llevan a lo que se denomina el techo de la complejidad.

En este libro voy a tratar de, basándome en la información actual, predecir varios escenarios futuros posibles, aleatorios y lo más realistas posibles, al mismo tiempo crearé en algunas materias diversos escenarios hipotéticos. Y también aconsejaré al lector cómo puede enfrentarse a estos cambios, para qué tiene que estar preparado, así como qué profesiones tendrán más salida en el futuro.

Para trabajar con el futuro hay que estar muy abierto y exprimir la mente, por lo que utilizaré, además de la información, las proyecciones, los escenarios hipotéticos, la técnica Delphi (consultar a los expertos) y un Pensamiento singular que surge como una nueva posibilidad para modificar el futuro y resolver problemas que el pensamiento ortodoxo y tradicional no han sabido solucionar.

Desatacaré que el Pensamiento singular es la utilización de la inteligencia mental aplicada a la exploración de futuro, abordando los problemas por caminos inesperados e insospechados que ofrecen nuevos escenarios que no habían sido explorados. El Pensamiento singular es una ruptura con el pensamiento ortodoxo, lineal, conservador y determinista actual que se ha quedado estancado por falta de originalidad e ideas imaginativas. Un exponente de este tipo de pensamiento fue el premio Nobel de Física, Richard Feynman.

Dada la importancia del Pensamiento singular, dedicaremos una parte del último capítulo a esta técnica, así como sus implicaciones con la mecánica cuántica. En ese mismo capítulo explicaremos qué es el movimiento transhumanista, una de las tendencias más modernas de la antropolítica que surge como partido en las próximas elecciones de EE.UU. Y dado que la finalidad del transhumanismo es el gobierno a través de las computadoras, sin necesidad de la imagen de un presidente, hablaremos de este sistema político conocido como noocracias.

La robótica será una de las ciencias que más avanzará en los próximos años.

El resto del libro es una exploración de los avances previstos en los próximos cinco o diez años, en la medicina, la biología, los materiales, el transporte, las energías, la alimentación, la explotación minera espacial, la Inteligencia Artificial, la revolución de la nanotecnología, la carrera por el conocimiento, la tecnología en las Olimpiadas, etc. También en el último capítulo el lector podrá encontrar una cronología apocalíptica de fechas en las que grandes problemas de la humanidad nos acecharán si no ponemos remedio en estos mismos instantes, problemas como la escasez de agua, la contaminación, el almacenamiento de residuos nucleares, el aumento de población, la extinción de especies, el aumento del nivel del mar, la tala de bosques, etc. Unas realidades trágicas que nos acechan irremediablemente y sólo podremos paliar en parte.

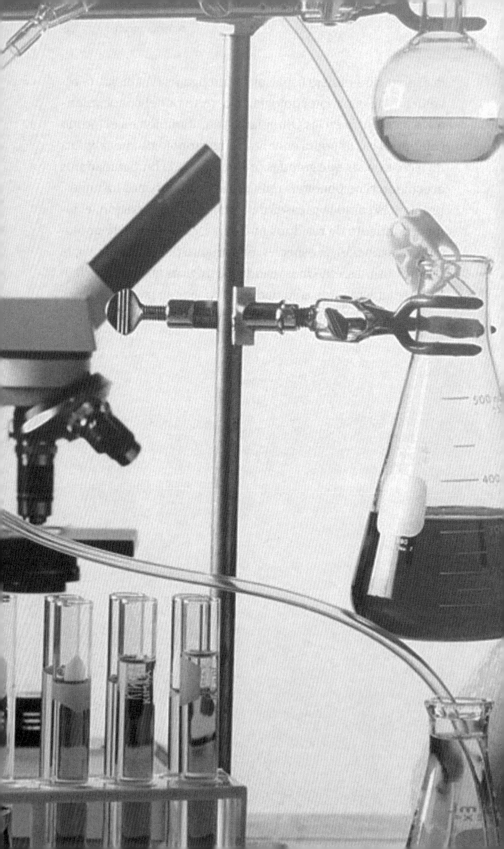

CAPÍTULO 1

EL MUNDO DEL CONOCIMIENTO

«La educación es clave, es crítica. La igualdad de oportunidades pasa por mejorar la educación desde edades muy tempranas para llegar a crear industrias sofisticadas.»

JIM YONG KIM (SECRETARIO GENERAL DE LA ONU)

«Si un alumno no aprende, es responsabilidad del profesor.»

MÁXIMA DE LA UNIVERSIDAD DE STANFORD
(PALO ALTO, CALIFORNIA)

«Lo importante es aprender. Educar suena más a un proceso que se impone, a un sistema por el que todos pasan. Debemos preguntarnos qué podemos aprender como individuos.»

PETER THIEL (COFUNDADOR DE PAYPAL)

Uno de cada mil habitantes es científico

Vivimos en una época extraordinaria, en un periodo de grandes descubrimientos que empiezan a revelarnos parte de los misterios de la vida y el Universo. También es una época en la que la ciencia y tecnología emergente nos llevará a un mejor bienestar y un cambio de civilización, una situación que va a comportar superar retos muy importantes. Uno de ellos es el de hacerle comprender a todos los habitantes de este planeta cómo es el nuevo mundo que está cambiando alrededor de ellos. Y este reto comporta impartir un conocimiento global de lo que está investigando la ciencia y lo que nos aportarán las nuevas tecnologías.

Hoy hay más científicos investigando en el mundo que todos los que han existido a lo largo de toda la historia de la civilización. Hay más universidades que en todos los periodos de la historia, más laboratorios realizando nuevos medicamentos, ensayando y aplicando nuevos minerales, nuevos sistemas electrónicos, que castillos existentes en toda la antigüedad.

Existen en la actualidad más de 8.000 Centros de Investigación en el mundo y unas 20.000 instituciones universitarias, así como miles de laboratorios que abarcan todos los campos de la ciencia. Uno de cada mil habitantes es científico, es decir el 0,13% mundial. En 2015 se publicarán más de 920.000 artículos en las más de 900.000 revistas científicas de acceso abierto. En este mismo año, según fuentes de la revista *Nature*, habrá 260.000 nuevos doctorados, se registrarán un millón de patentes y se rechazarán 1,5 millón y medio. Y sólo Estados Unidos invertirá en ciencia e investigación mil novecientos millores de dólares.

Sin embargo, este inmenso conocimiento nos ha llevado a aceptar que tenemos que replantearnos muchos aspectos de la ciencia que dábamos por certeros. En el caso de la paleoantropología, la evolución no ha sido un árbol con algunas ramas sencillas como lo hemos estudiado, y todo parece indicar que hace muchos más años que los aceptados hasta ahora, que se inició el proceso evolutivo y en algunos casos han funcionado más rápido de lo que pensábamos. Ha habido hibridaciones entre géneros que no sospechábamos; ha influido en el crecimiento de nuestro cerebro factores como la alimentación, los genes y circunstancias climatológicas que no habíamos considerado. Estos descubrimientos nos induce a la necesidad de volver a reflexionar sobre todo el procedimiento estudiado, esta vez con las nuevas tecnologías que han emergido e incluyendo a las nuevas especies de homínidos que hemos descubierto. Todo nuestro pasado comporta tramas misteriosas, desde nuestra aparición a esos esqueletos encontrados con características de gigantismo de difícil interpretación y fantasiosas ideas.

En lo que respecta a la paleontología vamos descubriendo nuevos fósiles de sorprendentes especies, incluso los dinosaurios ha precisado nuevas recalificaciones al sorprendernos con sus plumajes. También vamos comprendiendo las causas de las grandes extinciones que se produjeron a lo largo de historia de la Tierra. Sabemos que gracias a una de ellas, la de finales del Cretácico, pudieron evolucionar los mamíferos, homínidos y seres humanos.

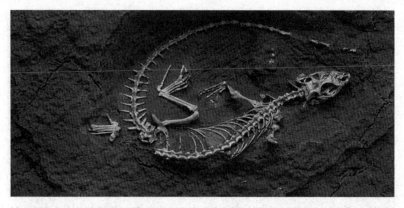

Hace sesenta y cinco millones de años se extinguió el último dinosaurio no aviario.

Una física plagada de anomalías

En cuanto a la física nos damos cuenta que la naturaleza ha podido seguir un plan diferente de todos los que nos habíamos imaginado. Con los futuros aceleradores y telescopios orbitales están surgiendo nuevas teorías fundamentadas en conceptos radicalmente nuevos. Estamos ante una eminente revolución en la visión de la materia, el espacio y el tiempo. Los últimos descubrimientos en el Gran colisionador de hadrones (LHC), han hecho tambalear el Modelo estándar de la física cuántica, un hecho que, dada su importancia, merece una breve referencia.

Ha sido una anomalía registrada por el detector LHCb construido para buscar quarks y antiquarks —así como, el misterio de la ausencia de antimateria en el Universo —, del LHC en el CERN, lo que ha hecho tambalear el valor del modelo estándar de la física cuántica y sugerir que existe toda una física nueva por descubrir.

Fue entre 2011 y 2013 cuando los datos de la desintegración de una partícula denominada B0 o Z, pusieron en jaque a los físicos cuánticos. El mesón B0 se desintegró en cuatro partículas: dos quarks y una pareja muon—antimuón. El valor energético del muon—antimuón se reveló más grande de lo previsto. Una anomalía que ponía en duda el modelo estándar, y hacía muy difícil entender está desintegración con las ecuaciones de ese modelo.

Para algunos físicos del CERN es un signo nada ambiguo de una nueva física desconocida, ya que los cálculos no cuadran con el modelo estándar. Podría tratarse de la existencia de una nueva partícula no estándar aparecida en el proceso de desintegración a través de las fluctuaciones del vacío quántico. Los resultados de estos años de experimento han permitido descubrir, al margen del bosón de Higgs, nuevas partículas como el pentaquarks, formado por cuatro quarks y un antiquark.

A partir de abril de 2015, el LHC funciona al doble de energía, es decir a 13 teraelectronvoltios, por lo que se espera detectar y descubrir muchos aspectos desconocidos de la materia.

El Gran Colisionador de Hadrones es el mayor acelerador de partículas del mundo.

La física nos presenta un mundo en el que el tiempo y el espacio se dilatan formando ondulaciones, un mundo donde la masa se convierte en energía y viceversa. Un Universo en el que la relatividad general gobierna el mundo de lo muy grande y la mecánica cuántica el mundo de lo muy pequeño. Dos teorías que son fastidiosamente incompatibles entre sí.

El Universo que nos rodea está plagado de anomalías: hay exceso de ondas de radio, la radiación de fondo es muy intensa, galaxias en el mismo plano, púlsares extrañamente distribuidos, galaxias demasiado veloces, picos energéticos inexplicables, movimiento irregular de las estrellas gigantes rojas, galaxias planas, etc. En resumen, vamos profundizando y descubriendo que cada aportación nueva crea nuevos interrogantes.

Finalmente los descubrimientos en neurofisiología están revelando que el cerebro no era lo que se pensaba y que es algo mucho más complejo de lo que intuíamos. Las investigaciones actuales están poniendo al descubierto procesos impensables del órgano más importante de nuestro cuerpo. Los adelantos en el conocimiento del cerebro repercutirán en la sanación de muchas enfermedades y en una mayor compresión de nuestra cognición.

En definitiva estamos ante las puertas de un nuevo, o varios, paradigma que desconocemos, pero que sin duda descubriremos gracias al cambio de actitud de los investigadores y la formación de los universitarios.

LÍNEAS DE ACTUACIÓN

En este capítulo sólo adelantaré algunas de las líneas de actuación y lo que nos van a aportar en el futuro. Sobre el LHC ya hemos explicado que su nueva potencia va a permitirle profundizar más en el misterio de la materia y del *big bang*.

Otro de los grandes pasos en la investigación será la conquista del espacio, de la que ya hablaremos en otro capítulo y veremos algunos de sus programas de futuro. Pero entre esos programas voy a mencionar aquí el lanzamiento del telescopio James Webb, uno de los instrumentos más costosos de la historia de la observación astronómica, ya que ha superado los 8.800 millones de dólares.

El James Webb Space Telescope tiene un espejo de 6,5 metros de diámetro, el Hubble sólo alcanzaba los 2,40. Este espejo está constituido de 18 piezas hexagonales y, al estar construido en berilio, pesa mucho menos que el espejo del Hubble. Con este espejo el James Webb, podrán verse objetos 2,5 veces menos luminosos que los que veía el Hubble. Su equipamiento le va a permitir ver las primeras estrellas que se formaron en el Universo, la atmósfera de los exoplanetas y sus posibilidades de vida orgánica, así como los primeros segundos del *big bang*. Otros instrumentos acoplados ayudarán a convertirlo en un instrumento único, tales como: la cámara infrarrojos (NASA); el espectrómetro (ESA); el sistema de guiado (CSA); y el espectrómetro de imágenes en infrarrojo (EE.UU. + 10 países).

Su lanzamiento está previsto para el 2018, con un cohete Ariane 5, que lo ubicará, no en una órbita baja de 600 km de altura como el Hubble, sino a 1,5 millones de km de la Tierra en un punto Lagrange L2, opuesto al Sol.

El James Webb también tiene una importante misión: la búsqueda de vida inteligente en otros planetas. Este es un tema de candente actualidad en el que nadie duda la existencia de otros seres inteligentes fuera de nuestro planeta. Incluso la NASA ha prometido importantes revelaciones a finales de este año. Todo hace suponer que tendrán alguna relación con la posibilidad de vida inteligente, ya que, tal como anunció un ex directivo de esta Agencia Espacial, serán revelaciones que transformarán nuestras ideas de lo que somos y creemos.

Uno de los últimos triunfos ha sido conseguido por la nave Horizons que ha conseguido llegar a Plutón y sorprendernos con las impresionantes fotografías de este planeta enano.

Finalmente está la frontera más cercana para investigar pero no menos compleja: el cerebro. Su investigación, que se inició en 2014, ya está aportando grandes descubrimientos dentro de la medicina y las enfermedades, aspectos que veremos en los últimos capítulos de este libro. Sepamos que ya están en marcha los programas de investigación SyNAPSE, a cargo de DARPA, en el que se intenta crear cerebros digitales mediante chips neurosinápticos; el Proyecto Atlas de la Conectividad del cerebro de Ratón, a cargo del Instituto Allen de Neurociencia (Seattle), que intenta crear un mapa del cerebro de este roedor; el Proyecto Atlas del Cerebro de Primates no Humanos, del Instituto Nacional de Salud (NIH) y el Instituto Allen, para cartografiar el cerebro de los macacos; el Proyecto Big Brain, entre Alemania y Canadá, desarrollando un cerebro tridimensional del humano; el Proyecto Conectoma Humano, del NIH para ver los perfiles de comportamiento del cerebro en gemelos y hermanos; el proyecto EyeWire del MIT, que cartografía las trayectorias de las neuronas; el Proyecto Blue Brain, entre IBM y el Instituto Suizo de Tecnología de Lausana, para construir un cerebro virtual; el Proyecto Cerebro Humano, de la Unión Europea, con la intención de crear un CERN de la neurociencia; y el Proyecto Big Neuron, del Instituto Allen que está realizando un catálogo de las estructuras neuronales.

¿CÓMO TRANSMITIR ESTE CONOCIMIENTO AL CIUDADANO?

Pero ¿cómo vamos a transmitir todos estos nuevos y complejos replanteamientos a una sociedad que está anclada parte de ella en el siglo XIX y otra parte en el XX? Es evidente que existe una gran desconexión entre los hallazgos científicos y el gran público, entre las tecnologías emergentes y la población. Y ambos hechos están cambiando la sociedad de los más jóvenes, sus costumbres, sus creencias, su forma de vida, aunque hay que recordar que muchos de ellos utilizan estas nuevas tecnologías sin comprender lo más mínimo de ellas. Lo que nos lleva a la necesidad de seguir educando a la población fuera de las aulas si no queremos, en el futuro, enfrentarnos a sociedades completamente irreconciliables. Y esto, tan sencillo, no lo entienden los políticos, no entienden que hay que seguir educando, explicando formando. Y usted lector me dirá ¿cómo? Pues promocionando la divulgación científica, abaratando libros y revistas de divulgación científica, artística y cultural; fomentando actos, conferencias y programas de televisión sin gravámenes que los encarezcan. Ofreciendo gratuitamente formación de idiomas, programación, medicina, robótica, etc. Y sobre todo, ayudando a la investigación en todos los campos.

La ciencia no es un lujo, ni un capricho, es algo importante que determina el futuro de nuestra sociedad. Se debe apoyar la investigación, el desarrollo tecnológico, la enseñanza, se debe dar prioridad a estos aspectos.

Digamos que esta nueva visión de la divulgación y del cientificismo también obliga a los científicos a ciertas responsabilidades. La sociedad ha realizado un esfuerzo para mantener universidades, profesores e instrumental que han servido para su formación. Las cuotas universitarias pagadas por los alumnos cubren un pequeño gasto de la enseñanza. Por tanto, y eso también afecta al estudiante, existe una responsabilidad no con quién les han costeado sus estudios e investigaciones, es decir, con la sociedad, con la humanidad. Una responsabilidad que consiste en un esfuerzo intelectual, en aprovechar esa oportunidad única en la vida, en tener conciencia de que la plaza que están ocupando podría ser para otro mejor que ellos.

En ocasiones nos preguntamos: ¿Dónde está la voz de la ciencia cuando unos «hilillos de plastilina» se convierten en una marea negra? ¿O cuando se trae a España, galardonándose de los mejores equipamientos, el virus más peligroso del mundo? ¿Qué ocurre con la voz de nuestros científicos? Ocurre, sencillamente, que sus empleos de investigación en el CSIC y otros estamentos dependen del gobierno de turno.

Los científicos deben de entender que sirven a fines de la humanidad, no a dudosas multinacionales ni caprichos de determinados gobiernos que deciden lo que hay que investigar para favorecer sus oscuras tramas políticas. Dicho de otra manera llamando al pan pan y al vino vino, un partido con gobierno en el poder, que recibe aportaciones económicas de empresas del sector eléctrico, nunca apoyará investigaciones de energías alternativas que desbanquen a esas empresas del sector eléctrico tradicional.

A veces sucede que los gobiernos invierten en oscuras empresas con fines poco éticos que no han sido consensuados por las asociaciones de científicos ni los responsables políticos de la ciencia en los Parlamentos.

Otro factor que también hay que considerar, son los derechos de los ciudadanos en la investigación. Así, toda persona tiene derecho a participar del progreso científico y de los beneficios que resulten. Derecho a gozar de los avances de la ciencia, y acceso a las tecnologías, a los medicamentos, a las terapias, a los nuevos instrumentales científicos y al conocimiento que se alcance.

Todos los avances van a precisar una formación perenne de nuestros ciudadanos, a no ser que queramos dividirlos según sus conocimientos. Pero también corremos el peligro de automatizarnos, de convertirnos en, como dicen algunos filósofos, robots húmedos.

Sepa el lector que no es todo oropel en el mundo de la ciencia, un mundo donde la competencia es feroz, donde escribir artículos con nuevos descubrimientos en revista especializadas genera valiosos puntos para optar a galardones, menciones y premios Nobel. Un mundo donde las zancadillas son frecuentes, donde existe una perpetua carrera por la innovación, donde los nootrópicos son consumidos como aspirinas para poder tener más concentración, dormir menos horas y activar todas las neuronas cerebrales. La revista científica *Nature* publicó en 2012 una encuesta realizada entre 1.400 científicos en la que una quinta parte de ellos reconoció que se dopaban para mejorar su rendimiento cognitivo y poder realizar descubrimientos importantes. Un 62% de los científicos que se dopan utilizan metilfenidato (MFD) que actúa sobre los neurotransmisores como la noradrenalina, especialmente para aumentar la atención. Y un 44% dice utilizar modalfinilo que les permite aguantar más horas despiertas. En el mundo de la ciencia abundan las *smart drugs* y los esteroides cerebrales.

Gran parte de los científicos más galardonados reconocen que se dopan para mejorar su rendimiento cognitivo.

¿Ha ocupado la ciencia el lugar de las religiones?

El sociólogo Gerhard Emmanuel Lenski define la religión como «un sistema compartido de creencias y prácticas sociales, que se articulan en torno a la naturaleza de las fuerzas que configuran el destino de los seres humanos». ¿No es la ciencia también un sistema compartido de creencias? Creencias en teoremas, hipótesis, postulados, etc. ¿No se articulan esos teoremas, hipótesis y postulados en torno a la naturaleza de las fuerzas que están configurando a los seres humanos?

Las religiones se basaron, durante muchos siglos, en milagros de escasa credibilidad que eran aceptados por un vulgo de exigua cultura y psicología cargada de temores. Hoy la ciencia no precisa de milagros para curar enfermedades que antes eran incurables y ha conseguido que la vida de una persona llegue a edades que antes eran impensables. Pero es más, las nuevas tecnologías y la nueva medicina investiga para que el ser humano alcance una inmortalidad, aquí en la Tierra, frente a la hipotética e indemostrable inmortalidad que ofrecen las religiones en un ingenuo más allá.

Ha sido la ciencia que, con su progreso, ha ayudado a la mujer a alcanzar un estatus social equiparable al de los hombres. Con los anticonceptivos y los abortivos ha permitido que la mujer alcanzase una libertad que muchas religiones le tenían vetada. Es esa misma libertad la que ha permitido a los científicos trabajar en campos de la ciencia y desarrollar teorías cuya exposición, unos cientos de años atrás, hubieran representado acabar en la hoguera.

Volamos en aviones y viajamos al espacio dominando un cielo que era de unos ángeles inexistentes, lo hacemos a bordo de tecnologías que hemos creado, no montados en caballos o flotando entre las nubes. La ciencia puede demostrar racio-

nalmente y matemáticamente todos sus descubrimientos, frente a las historias religiosas que sólo son fantasías literarias que sucumben a un análisis racional o una datación científica, como acaeció con la Sábana Santa.

Da la impresión que la ciencia se ha convertido en una nueva religión, o como mínimo, ha ocupado su lugar frente a una civilización occidental que le otorga más crédito y confianza. Ser cientificista es creer que la ciencia desarrollada por el ser humano lo puede y podrá todo, y que la razón, y no los mitos, resolverá las incógnitas de nuestra existencia y nos hará inmortales en este mundo.

¿Qué estudios tendrán más salida en el futuro?

Muchos estudiantes salen de las universidades y pese a tener una titulación se encuentran que terminan trabajando de cajeros en unos grandes almacenes comerciales o de alimentación, o ejerciendo de vigilante en esos mismos almacenes.

Es evidente que la universidad del futuro precisa una revisión y una mayor relación con las empresas. Pero el estudiante también debe hoy elegir aquellas carreras que tienen mayor posibilidad de ofrecer puestos de trabajos en el futuro.

Vamos a ofrecer al lector una relación de los sectores que van a necesitar a más licenciados. Inicialmente mencionamos las tres que en un futuro muy próximo garantizan puestos de trabajo: Biotecnología, Nanotecnología e Informática. Las dos primeras ofrecen un campo de grandes posibilidades que se van a desarrollar con toda seguridad. En cuanto a la informática es un clásico cada vez con más puestos de trabajo especialmente en programación, algoritmos, diseño gráfico e ingenieros de sistemas, así como la informática aplicada a la robótica

2017: Grandes oportunidades en el mundo del diseño y los videojuegos

Uno de los campos con más posibilidades laborales inmediatas es el de diseño de videojuegos, una industria que prevé crear de aquí al 2017 más de 5.000 puestos de trabajo en España.

2020: El auge de la Ingeniería espacial en colonias lunares y marcianas

De todas las carreras ingeniería es la que tiene mayor porvenir, especialmente en aeronáutica y astronáutica. Para esta última el futuro está necesitado de expertos en la construcción de naves para el turismo espacial, estaciones espaciales y hoteles en el espacio, y para la década de 2020, toda la ingeniería relativa a las colonias lunares y marcianas.

2025: El peligro de una plantilla médica envejecida y la incorporación de los robots

La medicina va a precisar médicos cada vez más técnicos, no sólo para la robótica que hará irrupción de los quirófanos, sino también para el nuevo material de exploración, instrumental que el médico tendrá que conocer a fondo, tal como, las resonancias magnéticas(RM, nucleares o funcionales), los sistemas de tomografía computarizada espectral, la tomografía axial computarizada (TAC), magnetoencefalografía (MEG), tomografía de positrones (PET), etc. También la psicología utilizará la neuroimagen para sus diagnósticos. Se puede asegurar que en medicina el 93% de los estudiantes que salgan de sus facultades encontrarán empleo, aunque un 54% será temporal, en mutuas privadas y servicios de urgencia. Habrá muchos médicos que se precisarán como asesores en empresas de fabricación de instrumental, y sólo los que tengan doctorados y excelentes notas lograrán trabajar como investigadores en laboratorios o grandes clínicas.

Dentro de la medicina, uno de los campos con más porvenir y mejor remunerado es el *antiaging*, indudablemente

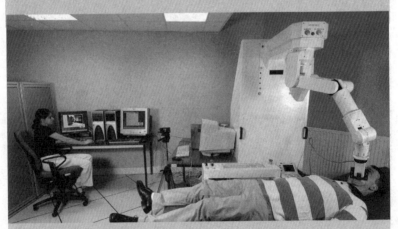

Informática y robótica tienen cada vez mayor protagonismo en las intervenciones quirúrgicas.

por ser un sector en que se trata a una clientela con un nivel de vida muy elevado.

Otro de los campos es el forense en criminología, los característicos CSI de las series de televisión. Estos especialistas serán muy buscados. Igual que los odontólogos.

Van faltar médicos en España, las cifras son concluyentes:

En 2008 con 44,3 millones de habitantes en España, teníamos 144.000 médicos, en 2015 con 46,3 millones de habitantes tenemos 152.497. En 2025, con 48,0 millones de habitantes tendremos 156.000 médicos. No cubre el déficit, sobre todo de especialistas que hoy tenemos 149.563 y en 2025 tendremos 152.160. Insuficientes. Tal vez la robótica ocupará parte de estas vacantes, pero el factor humano seguirá siendo imprescindible. En cualquier caso 41% de los médicos serán mayores de 50 años en el 2025. Otros sectores con porvenir son veterinaria y fisioterapia.

Otros sectores con porvenir son: administración y dirección de empresas, un sector que se solicita, sobre todo, visión de futuro.

Con menos posibilidades la arquitectura clásica y magisterio. Son carreras que perduran pero mucho más especializadas. En arquitectura se valoran los especialistas en nuevos materiales de construcción que permitan realizar edificios inteligentes con fachadas de grafeno que sepan cuándo hay que refrigerar y cuándo calentar. En magisterio se valorarán los técnicos en informática y programación de la enseñanza. Menos valoradas enfermería, comunicación audiovisual, psicología. En enfermería los hospitales se van a ir robotizando cada vez más, el enfermo estará menos tiempo en estos centros y será, como veremos en el capítulo séptimo, la telemedicina la que ganará terreno. En ciencias del mar, España es un país con costas. Se necesitará especialistas que sepan geología y biología marina, derecho y economía relacionados con el mar.

2017: Fin del mito de Babel. Los traductores instantáneos

Finalmente los idiomas, este aprendizaje se enfrenta a los traductores automáticos que permitirán, a través de gafas o móviles, tener una traducción instantánea de la persona que nos está hablando. Este sistema será accesible y estará comercializado, según Kurzweil de Google, a finales del 2016 como muy tarde. Esto significa el cierre de muchas academias de idiomas. En cualquier caso para aquellos que sigan el aprendizaje tradicional se puede afirmar que están en alza el inglés, árabe, ruso, chino (mandarín).

Inglés, árabe, ruso y mandarín serán los idiomas con una mayor demanda de aprendizaje.

LAS CIFRAS DEL ESTUPOR

En nuestro país, que fue antaño cuna de la cultura, las cifras de lectura son vergonzantes comparadas con las de otros países europeos. Según datos del CIS, un 35% de la población española nunca o casi nunca lee un libro, y un 23% argumenta que es por falta de tiempo. Lo más grave es que el 42% alega que no le gusta o no le interesa, lo que muestra que en su periodo escolar nadie les despertó el interés y la inquietud por la lectura. Un 11,1% lee libros digitales, cifra que aumenta en un 30% cuando se trata de periódicos.

El esplendor de las universidades legendarias como la de Salamanca ya no es tan prestigioso. Hemos fracasado también en el ranking de las mejores universidades. Nos situamos por debajo de las cien universidades más destacadas del mundo, cuyas cinco primeras son: Harvard (EE.UU.), Stanford (EE. UU.), MIT (EE.UU.), Berkeley (California, EE.UU.) y Cambridge (Inglaterra). Las cinco primeras de España en 2013 eran: Pompeu Fabra (BCN), Universidad de Barcelona (BCN), Universidad Autónoma de Barcelona (BCN), Rovira i Virgili (BCN) y Universidad de Cantabria.

Entre los cinco primeras Instituciones científicas de España hay que destacar: Institut de Ciències de l'Espai (Campus UAB); Institut Català d'Oncologia (L´Hospitalet Llobregat); Institut d'Estudis Espacials (Campus UAB); Institut de Física d´Altes Energies (Campus UAB); Centro de Recerca Epidemiología Ambiental (Parc Recerca Biomédica de BCN).

En cuanto a la valoración que hacen los españoles de los profesionales de distintos campos por su honestidad y seriedad, en una escala del 1 al 32, primeros son los investigadores científicos, segundos los médicos de la Sanidad Pública y terceros los profesores de la enseñanza pública. Al final de la lista están como menos valorados la Iglesia, los bancos y los políticos. Esta escala debiera someter a autoreflexión a los ocupantes de estos tres últimos peldaños, y hacerles reconsiderar que el poder económico, político o religioso es lo único que les permite pertenecer a un sistema que valora mucho más el conocimiento, la verdad y la longevidad.

UNIVERSIDADES HACIA EL PENSAMIENTO SINGULAR

Las universidades están entrando en el futuro. En la actualidad se está observando un cambio renovador en la enseñanza de las universidades más famosas. La tecnología y el estilo Google han irrumpido en la forma de enseñar.

Aulas como anfiteatros masificados en las que el profesor era, para los alumnos de las últimas filas, un señor distante que rellenaba con su tiza una pizarra de fórmulas, se han convertido en lugares obsoletos. Poco a poco aparecen salas donde los estudiantes consultan sus proyectos sentados en sofás, con cafeterías próximas y conexiones a internet. No hay una disciplina de horarios, no es necesario asistir a clase porque pueden estar conectados a la Red. Entre ellos los profesores comparten grupos o resuelven sus tutorías a través de foros *online*. Todo un cambio que facilita nuevas redes sociales, crea nuevos tipos de estudiantes y un nuevo sistema de aprendizaje. Una mayor flexibilidad para que cada estudiante pueda adaptar sus planes de estudio.

Las grandes clases están rodeadas de pantallas de televisión donde el alumno sigue al profesor que, a su vez, se permite incluir videos ilustrativos sobre las temáticas que imparte. Cada localidad del aula tiene conexión con la red, por lo que el alumno puede conectarse a su portátil y seguir o guardar la información que ha impartido el profesor.

La universidad *online* se convertirá en un motor de motivación de sus alumnos, una conexión con las futuras empresas a las que irán a trabajar y ya no formarán parte de sus plantillas como extraños. La universidad motivará y despertará inquietudes, ya no se trata de culpar al alumno si no adquiere conocimientos, se trata de que su profesor no ha sabido motivarlo ni impartir adecuadamente la enseñanza.

Sede del Instituto Tecnológico de Massachusetts.

Es el futuro pero ya existe en lugares como el Instituto Tecnológico de Massachusetts (MIT) o la Universidad de Stanford junto a Silicon Valley. De estos lugares han salido Larry Page y Sergey Brin (Google), Steve Ballmer (Microsoft), Marissa Mayer (Yahoo), William Hewlett y David Packard (HP). Hoy reclutan en estas universidades a los cerebros más preparados.

La universidad del futuro no solo tendrá la función de enseñar las nuevas carreras y tecnologías, sino que deberá, como ya realizan en los primeros cursos en el MIT o Stanford, enseñar a pensar a los alumnos. Como destaca Raymond Kurzweil, mostrarles un Pensamiento singular que rompa con el lineal, determinista, dual y ortodoxo de las viejas instituciones de enseñanza. Eso comporta conocer las diferentes formas de pensar, saber profundizar en los temas, proceder adecuadamente en los análisis científicos, tener un razonamiento adecuado y compartir una ética y moral más humanizada. Pero sobre todo, el Pensamiento singular requiere nuevas ideas, nuevas alternativas a los problemas técnicos y sociales existentes, anticiparse al futuro y poseer dotes de gran creatividad. Una técnica que enseña a que equivocarse no es un fracaso, y que a través de los errores se adquiere experiencia.

Los nuevos métodos de enseñanza pretenden que el alumno aprenda y comprenda lo que piensa. Se descartan los empollones que se tragan las materias para largarlas en un examen sin comprender y haber reflexionado sobre su contenido.

El Pensamiento singular no es el futuro, es un presente que ya se está aplicando en muchas universidades. Es un sistema para reflexionar y operar con la mente que requiere combinar la educación con el uso de las tecnologías actuales.

El lector encontrará un análisis más profundo sobre las ventajas del Pensamiento singular en el último capítulo de este libro. Así como la relación del Pensamiento singular con la Mecánica Cuántica y el Transhumanismo.

Venceremos la pobreza si vencemos la ignorancia

El ordenador portátil conectado a internet forma parte de la revolución de la enseñanza, y en muchos casos, conectará a aquellos alumnos que están lejos y les permitirá seguir los cursos sin necesidad de ir a clase.

El futuro será poder impartir el conocimiento a todos los lugares del mundo, a los alumnos de los países de África, a los lugares aislados de América latina, a los esquimales del Polo Norte o los habitantes de las estepas siberianas. Lo importante es educar, transmitir conocimientos para que la gente comprenda qué es la vida, qué Universo les rodea, cómo pueden hacer frente a las enfermedades, cómo construir sus hogares, aprender a plantar todo tipo de alimentos, fabricar tecnología. Con el conocimiento venceremos la pobreza.

Salman Khan ha creado en internet, Khanacademy.org, una web que tiene como objetivo hacer accesible la educación gratis a todos en cualquier lugar del mundo. Khan enseñó a aprender en casa con lecciones grabadas en vídeo y sus correspondientes ejercicios.

Destaca que Khan que «si dejas que el alumno trabaje a su ritmo de repente empieza a interesarse y a evolucionar». La escuela gratuita de Khan ha recibido ayudas de muchos millonarios, entre ellos John Doerr (100.000 dólares), Bill Gates (1,5 millones de dólares), Google (2 millones de dólares), etc.

Se trata de despertar la imaginación de los lugares más desfavorecidos, darles ideas para que, con los elementos que tienen en su entorno puedan construirse lámparas para iluminar sin necesidad de gastar electricidad, desaladoras de agua que se beneficien del calor

Khan Academy es una organización educativa sin ánimo de lucro y un sitio web creado en 2006 por el educador estadounidense Salman Khan.

del Sol, aprovechamiento de embalajes para construir muebles, formas de recargar las baterías de sus ordenadores, etc. Toda una serie de actuaciones que se pueden enseñar a través de la Red y permiten obtener recursos baratos y prácticos al mismo tiempo que desarrollan la inteligencia y el ingenio.

En la actualidad, en EE.UU. nueve de cada diez universitarios se comunican con sus profesores por correo electrónico. El 70% toma sus apuntes directamente en sus portátiles y un 98% consultan y leen los libros a través de sus pantallas digitales. Este año 22 millones de estudiantes se registrarán en clases *online*.

2016: Más de 22 millones de estudiantes en *online* solo en EE.UU.

En Europa la tendencia no es muy diferente, algunas universidades suizas, como la Escuela Politécnica Federal de Zúrich (EPFZ), ya no realiza exámenes escritos y empuja a los estudiantes a realizar proyectos concretos. La EPFZ usa en sus cursos consolas de videojuegos Nintendo DS, la tableta Google Nexus y los *smartphones* Android e iPhone. Las empresas, por su parte, colaborarán más como las universidades, e integrarán a los alumnos a su mundo laboral.

EL CONOCIMIENTO PARA TODOS

El ciudadano medio dispondrá más tiempo de ocio, por lo que una gran parte de este tiempo lo empleará para saciar sus ansias de conocimiento.

Es de esperar que parte de la «televisión basura» vaya desapareciendo o se centre más en canales muy específicos, mientras los canales tipo National Geographic, Discovery, etc., amplíen sus contenidos. Las nuevas tecnologías —gafas 3D u hologramas—, permitirán convertir el salón de casa en los pasillos de cualquier museo del mundo o las mismas ruinas de Pompeya. El ciudadano se convertirá en un protagonista interactivo que escalará el Etna o las paredes de Montserrat.

Incluso podrá practicar deporte y competir contra otros ciudadanos en torneos que ellos mismos organice, desde tenis hasta petanca. Podrá volar en un avión y recorrer el mundo o en una nave espacial que le permitirá, en un avanzado Google MapSpacial, sobrevolar todos los cráteres de la Luna y las interminables gargantas de Marte.

Podrá pintar o filmar sus propias películas con seres virtuales. Tener una doble vida y convertirse en el escalador de la montaña más alta del Sistema Solar: el monte Vulcano de Marte.

Todas las obras de teatro y películas estarán a disposición de los ciudadanos en 3D en el salón de casa. En ese futuro los amigos de Facebook y las conversaciones con ellos ya estará *demodé*, el ciudadano tendrá nuevas e increíbles oportunidades de tener amigos que tienen los mismos gustos que él. Hablar en escenas virtuales y visitar conjuntamente museos o las pirámides de Egipto mientras conversan e intercambian opiniones sobre lo que están recorriendo. Surgirá la nueva generación de pantallas interface. Las gafas sustituirán las pantallas como hoy las conocemos. La realidad virtual nos ofrecerá educación, viajes, entretenimiento y relaciones con otras personas. Un mundo repleto de cultura y conocimientos que enriquecerá nuestro cerebro, multiplicará las conexiones de las dendritas y nos hará más inteligentes.

CAPÍTULO 2

LA NANOTECNOLOGÍA ES EL FUTURO

«De lo que no cabe duda es de que, las nanotecnologías y las biociencias serán tan importantes en el siglo veintiuno como lo fueron el petróleo, los polímeros y los semiconductores en el siglo pasado.»

Tim Harper (en EmTech, organizado en España por el MIT)

«La ciencia y la tecnología están cambiando drásticamente nuestro mundo, y es fundamental asegurarse de que esos cambios se producen en las direcciones correctas.»

STEPHEN HAWKING EN STARMUS 3

¿Qué es la nanotecnología?

La nanotecnología ya está presente en nuestras vidas, pero aún alcanzará una penetración mayor, es el futuro del mundo que nos espera. La nanotecnología cambiará la medicina, nuestra agricultura, las formas de comunicación, la distribución de la energía, nuestra ropa, los vehículos de transporte, todo cuanto nos rodea, pero como veremos también tendrá su lado oscuro y nos aportará nuevos problemas que tendremos que superar.

La nanotecnología va a modificar nuestra forma de vida y es imposible hacer predicciones sin contar con ella. Es por este motivo que le dedicamos el segundo capítulo de este libro, ya que se trata de un descubrimiento que irá modificando todas las parcelas de nuestra sociedad.

Empezaremos por explicar qué es la nanotecnología. La definiremos como una especialidad que manipula las moléculas y los átomos, fabricando a escala nanométrica productos que ofrecen unas ventajas milagrosas en la vida de los seres humanos. Productos que abren grandes posibilidades en la medicina y en casi todas las actividades humanas.

Oficialmente la nanotecnología es la manipulación de la materia con dimensiones del tamaño de entre 1 a 100 nanómetros. El nanómetro es la unidad de longitud que equivale a una mil millonésima parte de un metro (1 nm = 10–9 m). A esta escala los efectos de la mecánica cuántica son importantes, encontrándonos en un mundo de nuevas y sorprendentes actuaciones de la materia.

Las posibilidades que abre la nanotecnología en todos los campos han producido que los gobiernos hayan volcado millones de dólares en su investigación para encontrar aplicaciones médicas, industriales y lamentablemente también militares. Orientativamente el gobierno de los Estados Unidos ha invertido 3,7 mil millones de dólares, la Unión Europea 1,2 mil millones, y Japón 750 millones.

Las posibilidades de la nanotecnología afectan a todos los campos de la ciencia y la vida, desde creación de nuevos materiales hasta el control de la materia a escala atómica; desde la química orgánica hasta la biología molecular; pasando por los semiconductores, autoensamblajes moleculares, medicina, biomateriales, producción de energía, etc. Pero también hemos dicho que tiene su lado oscuro en la armamentística y especialmente en los efectos de su toxicidad.

La nueva nanomedicina

Ya se han conseguido crear nanopartículas portadoras de fármacos capaces de ser dirigidas, con electroimanes, a cualquier parte del cuerpo, dianas concretas que atacan a un tumor o atraviesan la barrera hematoencefálica del cerebro para estimular ganglios o partes donde hay una necrosis de neuronas. También se están elaborando nanopartículas para detectar y eliminar células cancerosas, nanopartículas cargadas de medicamentos que atacan solamente al tumor que se les ha indicado. Hoy en la Universidad de Texas ya han desarrollado y aplicado nanoestructuras que penetran en las células de los tumores y las eliminan desde dentro. Muy pronto la cirugía invasiva pasará a ser parte de la historia. Como se imagina el lec-

tor esta técnica es ideal para combatir el colesterol, ya que nanopartículas inyectadas en la sangre pueden dirigirse hacia las
placas de colesterol para atacarlas y evitar que obstruyan el
riego sanguíneo.

La nanotecnología trabaja con materiales y estructuras cuyas magnitudes
se miden en nanómetros, lo cual equivale a la milmillonésima parte de un
metro.

Las aplicaciones en medicina de la nanotecnología abarcan todas las especialidades de esta ciencia. En óptica se ha
llegado a curar la ceguera de ratones. Inyectando parches car-
diacos creados a partir de células de músculos del corazón a
las que se ha reforzado con nanocables de oro. En suturas se
ha desarrollado un gel con nanohilos que se aplican a las que-
maduras y se integran con la piel a la que mantienen hidrata-
da y evitan infecciones. Los enfermos de diabetes llevarán un
tatuaje en la piel que evaluará los niveles de insulina mostrando diferentes colores que alertaran al enfermo. Esta técnica de

los tatuajes tiene diferentes aplicaciones en muchos campos de la medicina.

Las nuevas prótesis serán irrompibles, ya que tendrán componentes nanométricos, tanto en aplicaciones de caderas como implantes dentales. Los nanoproductos no presentan rechazos, son más resistentes y duran casi eternamente. Ya son una realidad en muchos países donde se distribuyen en clínicas y hospitales.

El lector puede preguntarse qué confianza podemos esperar de toda estas nuevas aplicaciones y si se puede tener la confianza necesaria en ellas. Yo, si lo necesitase, no dudaría en utilizarlas. Constantemente hemos estado utilizando nuevas técnicas en la medicina, nuevos medicamentos y no hemos opuesto ningún argumento ni resistencia en contra. En una rotura de cadera se han estado utilizando prótesis nuevas y técnicas innovadoras sin advertir a la mayoría de los pacientes; se han prescritos medicamentos sin explicar que se trataba de un nuevo tratamiento más eficaz pero que se desconocían en parte sus efectos secundarios. Siempre el paciente ha sido tratado con nuevas innovaciones, ¿por qué no va a continuar beneficiándose de la nanomedicina? Otra cosa es que el facultativo sea el adecuado y sepa aplicar una medicina personalizada al paciente, o que el fabricante de los productos farmacológicos o protésicos realice bien sus fórmulas o utilice los materiales adecuados. Estos son problemas a parte que forman parte de las ineptitudes humanas o de oscuros negocios del sector.

Debemos aceptar la nanomedicina como un avance más de esta especialidad, de la misma forma que aceptamos las exploraciones con los aparatos de Tomografía Computarizada Espectral, las Resonancias Magnéticas, las Tomografía Axial Computarizada, la Tomografía de Positrones, etc.

Nanoindustria para el medioambiente

En la industria la nanotecnología nos va a sorprender con su gran gama de posibilidades. Uno de los campos en los que los investigadores técnicos se han lanzado a buscar aplicaciones es en las energías alternativas, concretamente en las placas solares. La nanotecnología permitirá concentrar mucha más intensidad de luz, abaratar sus costes y conseguir que cada ciudadano tengan su placa solar, a un tamaño óptimo, y produciendo suficiente energía para toda la casa. Sabemos que esto creará problemas con las grandes compañías eléctricas, que pondrán toda clase de cortapisas a una energía que se obtiene gratuitamente.

Vale la pena que dediquemos unos comentarios más a esta situación. Las placas solares se abaratarán cuando su venta se masifique y todo el mundo quiera tener energía gratis en su casa colocando una placa, como coloca una antena parabólica. ¿Puede el estado establecer un impuesto por el consumo de energía solar? ¿Puede cobrar por una energía que el Sol nos ofrece gratuitamente? Según los juristas internacionales no puede agravar con impuestos la toma de energía solar. Puede agravar con impuestos la compra de la placa solar, pero no su captación de energía. Destacan los juristas internacionales que es un pleito perdido por los estados,

Los paneles de energía solar se han convertido en el medio más fiable de suministrar energía eléctrica a un satélite o a una sonda en las órbitas interiores del Sistema Solar.

que es como si se pretendiese cobrar por el aire que respiramos o el bronceado del sol en la playa. Auguran que puede ocasionar grandes manifestaciones ciudadanas y rebeldía ante este impuestos, y que legalmente, en un juicio internacional, que puede durar años, los Estados lo tienen perdido de antemano.

La nanotecnología nos va a permitir disponer de agua más potable, solucionar con nanopartículas la contaminación absorbiendo la radiación de óxidos de nitrógeno que desprenden los vehículos. La creación de insecticidas, fertilizantes nanométricos que mejorarán los cultivos, así como los nanosensores que detectarán enfermedades de las plantas, controlarán la humedad, la temperatura y el crecimiento de las cosechas.

Uno de los sectores dónde la nanotecnología va a transformar la industria es el mundo textil a través de los tejidos inteligentes. Al intercalar nanopartículas de titanio o silicio en los tejidos se consigue que estos no se arruguen, si además se introducen nanotubos que repelen las manchas, tendremos el tejido del futuro: ni se arruga ni se mancha. Un descubrimiento que ya nos adelantó la cinematografía en aquella película de

Al intercalar nanopartículas de titanio o silicio en los tejidos se consigue que estos no se arruguen.

Alec Guinness, *El hombre del traje blanco*, en la que un inventor descubre un tejido que no se arruga y no se mancha, pero ve como la industria textil se lanza sobre él para impedir que lo comercialice.

Las posibilidades en el mundo textil son innumerables, desde tejidos de nanofibras que impiden que se pierda en invierno nuestro calor corporal, hasta tejidos refrigerantes. En un futuro muy próximo compraremos trajes amoldables a nuestra figura, como los astronautas de Star Trek. Trajes con colores que cambiaran según el lugar en que estemos, que se calentarán o se enfriaran, incluso que atrevidamente se convertirán en transparentes. Además estos trajes llevarán incorporados toda clase de nanosensores, que enviarán nuestras constantes corporales a nuestro centro médico concertado. No tardará mucho tiempo en el que el móvil desaparecerá y un nanosensor instalado en nuestra solapa nos ofrecerá una comunicación, auténticamente, sin manos.

LOS ÚLTIMOS AUTOMÓVILES Y LOS NUEVOS MÓVILES

Cuando hablemos más adelante del transporte veremos que la industria automovilística es un sector a desaparecer, pero mientras esto sucede aún tendrá una serie de innovaciones.

Inicialmente la nanotecnología incidirá en los nuevos combustibles, y especialmente en los coches eléctricos. La carrocería se verá afectada por los nuevos nanomateriales y nanopinturas que potenciarán la resistencia contra golpes y ralladuras. Los futuros vehículos no precisarán limpiaparabrisas ya que sus lunas de cristal estarán construidas con nanomateriales que rechazarán el agua. Como en el sector del tejido las tapicerías interiores repelerán la humedad y la suciedad. Carrocería exterior e interior estará protegida por pinturas con nailon y nanoarcillas que no se verán afectadas por las temperaturas elevadas.

El sector del automóvil se verá transformado, como veremos más adelante, por la conducción automática. Pese a esta nueva ventaja que no precisará adaptación de carreteras, los largos desplazamientos contarán con nuevas modalidades de transporte tan cómodas como los futuros vehículos, cuya rapidez nunca nos dará el automóvil terrestre.

Los largos desplazamientos se realizarán en trenes de súper alta velocidad, tubos neumáticos o aviones. El automóvil se convertirá en un medio que el viajero alquilará para sus desplazamientos cortos.

La nanotecnología abrirá nuevos caminos en el mundo de las comunicaciones. Los móviles, mientras existan y no sean sustituidos por implantaciones impresas en la piel o en los tejidos, se irán convirtiendo cada día en aparatos más sofisticados. La nanotecnología permitirá que la recarga se efectúe en pocos minutos. En lo que se refiere a las pantallas de televisión, la combinación grafeno y nanotecnología, nos ofrecerá paredes enteras de escenario, así como hologramas que nos permitirán ver a nuestro interlocutor en tres dimensiones. Las pantallas serán irrompibles, tanto del móvil como de las tablets o los televisores, así como flexibles. Algo que se conseguirá con la creación de nanocables.

La nanotecnología revolucionará el mundo de la construcción. De inmediato podemos hablar de la desaparición de las persianas, ya que los nuevos cristales de las ventanas permiten oscurecerse con una orden dada a través de su móvil con la ya existente aplicación NanoShutters. Ya no tendremos que subir o bajar persianas, los vidrios se oscurecerán impidiendo el paso de la luz o dejando que esta entre según nuestro gusto de luminosidad.

La aplicación de la nanotecnología al ser humano ya ofrece posibilidades increíbles. Tonificantes realizados con nanopartículas, cremas con sustancias modificadas a escala nanométrica para ayudar a regenerar, hidratar y nutrir la piel al mismo tiempo que eliminan arrugas. Cremas solares auténticamente efectivas y seguras, etc.

La nanotecnología hará que los alimentos sean más sanos modificando a escala nanométricala grasa y sustituyéndola por agua. También sensores construidos con nanotubos de carbono modificado, que irán incorporados a los alimentos, nos advertirán de su caducidad o posibles cambios que los conviertan en no comestibles.

POLICÍAS NANOTECNÓLOGOS

Uno de los sectores que se beneficiará de los avances producidos por la nanotecnología es en el mundo policial. Los avances tecnológicos del CSI, la resolución de crímenes a través del ADN y las técnicas de huellas digitales, van a sufrir una revolución con la aplicación de la nanotecnología.

Nuevos aparatos sensores basados en nanotecnología permitirán en menos de diez minutos saber si un sospechoso consume determinadas drogas. Las huellas de los dedos pasarán de revelarse con tratamientos clásicos como el cianocrilato luminiscente, a ser descubiertas con la utilización de nanopartículas de óxido de silicio conteniendo un colorante luminiscente que permite mejorar los resultados.

No dejar nanopruebas en el escenario del crimen es casi imposible, lo que convierte la aplicación de la nanotecnología en la criminología en un arma infalible contra la criminalidad. El crimen perfecto se convertirá en una utopía. Todo ello exigirá una mayor formación de los cuerpos policiales y también de los jueces, fiscales y abogados. Pero ya lo hemos dicho en el capítulo anterior, el mundo del futuro precisará un reciclaje continuo de sus ciudadanos, una formación continuada, así que no nos debe extrañar viendo a jueces y fiscales en cursos de formación sobre las nuevas tecnologías.

Una de las funciones que más interés ha suscitado en los cuerpos policiales ha sido la aplicación de la nanotecnología para la detección de explosivos. Conocer la naturaleza de un producto explosivo permite reaccionar rápidamente y salvar muchas vidas. Hoy se utilizan en los aeropuertos la técnica de pasar un algodón por las manos y zapatos del sospechoso, depositar la solución sobre un papel de cromatografía que advierte si la persona ha estado en contacto con determinados explosivos. Ahora se ha creado una aplicación por *smartphone* que analiza el color obtenido para deducir la cantidad de productos presentes o mezclados. Esto permite detectar determinados explosivos, no todos. Tracenses de la Universidad de Tel Aviv presentaron en julio de 2015, un detector portátil a base de nanocaptadores que detectan los explosivos a cuatro metros de distancia.

Si usted lector es un industrial y tiene su pequeña fábrica, tiene que estar al día en todos estos nuevos adelantos. Muchos artículos que se fabrican hoy tienen los días contados, hay que estar preparado para cerrar la persiana de nuestro comercio y abrir al día siguiente con las nuevas tecnologías. Si fabrica limpiaparabrisas sepa que tienen el tiempo contado y los nuevos repelentes nanotecnológicos del agua los harán innecesarios. Si su mundo es el textil esté alerta ante la aparición de los nuevos tejidos antimanchas que no se arrugan, dos cualidades que afectarán a los fabricantes de planchas y a los drogueros en su mundo de los quitamanchas. Si es usted fabricante de persianas piense que este es, también, un sector con los días contados.

EL DARTH VADER DE LA NANOTECNOLOGÍA

Hay temores entre ciertos sectores de la ciencia en la aplicación privada de la nanotecnología, preocupación porque los nuevos componentes produzcan cambios medioambientales que acaben con la flora y la fauna. Algunos científicos destacan que su utilización puede poner en peligro la especie humana, especialmente si se utiliza militarmente, ya que se convertiría en una amenaza mayor que las armas nucleares.

Un hecho es evidente, la nanotecnología va a requerir una legislación adecuada que tiene que estar refrendada por todos los países.

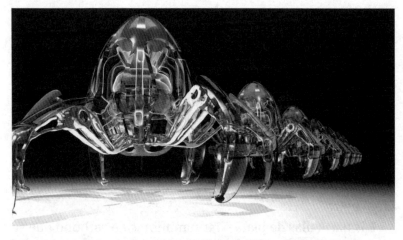

La nanotecnología puede ser la solución definitiva contra todo tipo de enfermedades y deficiencias genéticas, lo que abre la puerta a un futuro muy alentador y terrorífico al mismo tiempo.

Uno de los peligros se basa en la producción de nanorobots replicantes, es decir, la posibilidad de que un conjunto de minirobots adquieran la posibilidad de replicarse y crezcan sin límites hasta acabar invadiendo todo nuestro planeta. Un escenario terrible y apocalíptico que enfrentaría a los seres humano a luchar contra pequeños robots capaces de infiltrarse por todos los lugares. Robots minúsculos como cucarachas y otros voladores como libélulas y con la capacidad de destruir con sus pequeñas tenazas incorporadas todas las instalaciones cableadas.

En el mundo del terrorismo los nanorobots también pueden convertirse en un arma letal para practicar atentados. Pueden contaminar los sistemas de distribución de agua de las ciudades. Infiltrarse en el aire acondicionado de un edificio y contaminarlo, incluso penetrar sin peligro a la radiactividad en las entrañas de una central nuclear y originar daños que colapsen el reactor y creen una explosión como la de Chernobil.

Los nanorobots pueden acometer acciones de espionaje. Pero la nanorobótica también tendrá su presencia en las comunicaciones y su maligna utilización puede ser más letal que un virus informático.

¿Recuerdan: los efectos del amianto entre los trabajadores de este sector industrial? El descubrimiento del amianto parecía ser el triunfo de la industria contra el fuego, pero sus fibras en suspensión al ser respirables por los seres humanos se convirtieron en un asesino creando cáncer de pulmón, mesotelioma maligno y asbestosis. Tres enfermedades mortales a largo plazo.

Las partículas de plata o las nanofibras de carbono que se utilizan en los utensilios de cocina o esquís y raquetas, pueden producir, por cambios de temperatura, partículas en suspensión dañinas para la salud humana. Los materiales nanotecnológicos pueden ser fuentes de contaminación del medio ambiente.

LA APLICACIÓN EN LA NANOGUERRA

Talos es un programa militar de Estados Unidos que se centra en la aplicación de la nanotecnología en la guerra. El Instituto de Nanotecnología Militar (INM) es el responsable de la creación de equipos de combate y aplicación de nanotecnología en combate.

El INM desarrolla la aplicación de la nanotecnología en la guerra. La nanotecnología permite que la ropa de un combatiente, nanofibras, cambie de color según el entorno en que se encuentra. Incluso se han creado sábanas capaces de hacer invisible a un soldado. Otro de los proyectos que desarrolla el INM es el de nuevas fuentes de energía basadas en nanocélulas solares en los trajes, o producción de energía caminando para poder cargar las baterías de los equipos militares, un problema que incomunica y aísla a los comandos infiltrados tras las líneas enemigas o a los soldados perdidos en territorio enemigo.

Entre la indumentaria, el casco es un elementos imprescindible, su construcción en nanofibras lo hará resistente frente al impacto de balas y más ligero que los actuales. El futuro casco de combate llevará incorporado sensores con nanotecnología que permitirá amplificar sonidos, tener visión nocturna y alertar ante la presencia de agentes químicos.

Los chalecos actuales están confeccionados con fibra de carbono, en el futuro contendrán fluidos compuestos de nanopartículas de silicio que se endurecerán cuando reciban el impacto de una bala. Se trata de confeccionar chalecos que sean ligeros y delgados como una camiseta, de forma que pasen inadvertidos. Pero de la misma manera que se crean prendas impenetrables, también se desarrollan proyectiles que pueden penetrar en cualquier material: proyectiles de wolframio nanocristalino aleados con titanio o circonio que son imparables. Las nuevas balas serán más ligeras de peso, más veloces y con mayor alcance. Sus micronanosistemas incorporados les proporcionarán una inteligencia capaz de buscar su objetivo por el calor humano o el movimiento.

Los exoesqueletos que permiten llevar más carga y moverse más rápidamente también estarán constituidos de nanofibras. El ejército americano apreció que la mayoría de lesiones entre los combatientes se producían en los tobillos y las rodillas, para evitar estos esguinces o roturas dotaron a sus hombres de un recubrimiento de la pierna construido con nanopartículas que permiten flexionar el pie, correr más y ser inmunes a las lesiones. Hoy usan estas «fundas» los comandos, los paracaidistas, los cuerpos de alpinismo y esquí. Pero la industria privada también está siguiendo el mismo camino para dotar a los esquiadores deportivos de una protección semejante.

El blindaje de vehículos también se beneficiará de la nanotecnología, así como su peso. Sólo será cuestión de reforzar su carrocería con polímeros de nailon con nanofibras en tubos de carbono. Ello dará al vehículo cuatro veces más resistencia que en la actualidad. Los aviones se convertirán en indetectables gracias a pinturas que absorben la radiación, y podrán modificar su silueta para reducir su cociente aerodinámico en vuelos supersónicos.

La pintura de los aviones los trasformará en armas indetectables a los radares enemigos.

Finalmente este recorrido bélico nos lleva al más temible enemigo: los animales dominados por controles cerebrales, es decir, microchips que convierten a mamíferos o escarabajos en robots controlados con minicámaras, un zoo de espías que se infiltra en las líneas enemigas, grabando y oyendo. En la actualidad ya se ha conseguido colocar una microcámara en un escarabajo volador y un microchip para controlar su vuelo.

El mundo de la nanotecnología puede ser maravilloso o apocalíptico, todo depende de cómo utilicemos los nuevos avances, para el bien o para el mal. Esa dualidad también dependerá de la educación que hayamos recibido, de la ética y filosofía que nos hayan inculcado. Si queremos sobrevivir entre las nuevas tecnologías debemos desarrollar nuestra mentes hacia el lado positivo. Sólo la cultura y el conocimiento nos librarán de la violencia, y nos forjará un espíritu nuevo basado en el progreso y la búsqueda de una larga e interminable vida feliz.

CAPÍTULO 3

EL ALIMENTO DE LOS SEMIDIOSES

«... hemos llegado a un nivel excesivo de desigualdad que no solo es injusto en sí mismo, sino que pone en peligro la democracia.»

ADELA CORTINA, FILÓSOFA CATEDRÁTICA DE ÉTICA

«Nunca ha habido tanta desigualdad y eso no es bueno para el crecimiento, crea divisiones sociales, destroza las sociedades y es perjudicial para la democracia.»

BRANKO MILANOVIC (ECONOMISTA. EXDIRECTOR DEL DEPARTAMENTO DE INVESTIGACIONES DEL BANCO MUNDIAL)

Tiramos el 32% de los alimentos

H.G. Wells publicaba en 1904 *El alimento de los dioses*, una novela de ciencia—ficción que abordaba el problema de la alimentación mundial en el futuro. El personaje principal del relato de Wells, descubría un suero, llamado heraclefobia, que inhibía el freno del crecimiento de los animales, por lo que se podían criar pollos de dos metros de altura, conejos de un metro y medio de altura, etc. Ello resolvía el problema de alimentación en el mundo, pero los seres humanos también se ven afectados por este crecimiento, ocasionando la aparición de seres humanos de 12 metros de altura que precisan grandes cantidades de alimentos, un alimento para dioses.

Los científicos actuales no tienen previsto en sus investigaciones la elaboración de algún tipo de suero que engrandezca las especies de animales comestibles, pero sí advierten de la necesidad de prever una agricultura suficiente para alimentar a la población que creará necesidades alimenticias y abastecimiento de agua.

2050: La población mundial será de 9.600 millones de habitantes. Y los terrenos cultivables se habrán reducido un 75%

El crecimiento de población mundial es un problema para todos los países. En 2050 las previsiones no son muy optimistas, ya que habrá que alimentar a 9.600 millones de seres humanos.

El crecimiento urbano se convierte en un cáncer que se va comiendo poco a poco los terrenos destinados a plantar alimentos. En 1961 había 2,5 hectáreas de tierra cultivable por habitante, en el 2050 habrá menos de 0,8. Por otra parte sólo el 11% de la superficie terrestre es cultivable, aunque con ella podemos alimentar a todos ahora, pero si queremos alimentar a 9.600 millones de personas que habrá en 2050, la tierra cultivable debería aumentar un 70%.

A esta problemática, ya de por sí sola aterradora, hay que añadir la necesidad de 64.000 millones de metros cúbicos de agua dulce cada año. Si a todo eso añadimos los problemas derivados del cambio climático, nos enfrentamos a un grave problema.

2050: La población de EE.UU habrá alcanzado los 438 millones de habitantes.

Es una realidad que no se puede ocultar que existe hambre en el mundo y este hecho tiende a agravarse. Millones de niños y adultos mueren cada año por falta de alimentos en los países subdesarrollados. Mientras, los países desarrollados llegan a estos países con sus nuevas tecnologías, pero son incapaces de resolver el problema del hambre.

Cada ser humano consume 2.868 calorías diarias, y más de 800 millones de personas sufren malnutrición crónica. Hay un 11,3% de la población que pasa hambre. Y este hecho en los niños es una sentencia para su futuro, ya que su capacidad cerebral nunca será igual a la de un niño con una buena nutrición. Es decir los niños que sufren desnutrición están condenados a no tener las mismas capacidades que los niños bien alimentados. Y este es un hecho terrible, ya que estamos creando cruelmente una población inferior en su capacidad intelectual, una población menos dotada cerebralmente en un mundo donde la inteligencia y los conocimientos van a ser vitales para sobrevivir.

Eliminar el hambre es un imperativo moral, según el Bank of America Merrill Lynch, el hambre tiene un efecto en la economía global de dos billones de euros. Es preciso invertir en la alimentación de los hambrientos, no por temor a que en el futuro nos pasen cuentas, no por las pérdidas económicas que nos produce su situación, hechos que ya estamos sufriendo, sino por un sencillo sentido de humanidad.

MORIR DE HAMBRE Y MORIR DE SACIEDAD

Las consecuencias del hambre producen migraciones de poblaciones enteras, seres humanos que están dispuestos a arriesgar sus vidas para llegar a países donde, inicialmente, tendrán garantizada la alimentación para sus hijos y una mínima sanidad. El problema de la migración humana afecta profundamente a los países occidentales que ven como sus fronteras son cruzadas por millones de personas. Cada vez surgen grupos más radicales que exigen los cierres de las fronteras, que rechazan esa marea de refugiados hambrientos, que demandan a sus estados la preocupación de atender primero a sus ciudadanos necesitados que a los migrantes de otros países. No cabe duda que el hambre en el mundo repercute en los movimientos políticos de muchos países de Europa y en el mismo Estados Unidos donde la migración se ha convertido en un tema de debate entre los candidatos a la presidencia. Resolver los problemas del hambre en el tercer mundo se convierte en una necesidad imperante, por humanidad y para evitar conflictos mundiales de gran envergadura y consecuencias impensables.

El hambre, las guerras, la miseria... empujan las oleadas migratorias hacia los países occidentales.

Todos sabemos que mientras una parte del mundo sufre hambruna, otra parte del mundo desperdicia alimentos, crea seres obesos que fallecen por exceso de grasas y las enfermedades derivadas de este hecho como el colesterol. Occidente tiene una población que está sobrealimentada y que representa un gasto de millones de euros en medicamentos y tratamientos médicos.

Pero lo más grave de esta situación entre la escasez y la abundancia es que en la actualidad tiramos el 31% de los alimentos que llegan a los hogares, unos 32 kg/ por persona y año. El problema, como ya anticipábamos en el capítulo primero, es la necesidad de educar y concienciar a la población, un problema de conocimiento. Un problema de darse cuenta de la gravedad que significa tirar alimentos. Es necesario educar en los colegios a los niños sobre el valor de la comida, es necesario que vean imágenes de otros niños del mundo sufriendo hambre, es necesario concienciar en estos aspectos a nuestra población para evitar la pérdida de ese 31% de alimentos que tiramos.

¿Debemos seguir comiendo carne?

La alimentación y la sanidad, dos derechos que todo ciudadano mundial debería tener, son un negocio para un grupo reducido de multinacionales y laboratorios médico—farmacéuticos. En el caso de la alimentación, estas multinacionales son pocas, pero tienen el poder de fijar precios, controlar reservas e influir en las decisiones políticas.

¿Cómo vamos a resolver estos problemas para conseguir una estabilidad mundial y alimentar a todos los ciudadanos de nuestro planeta? Una vez más la respuesta está en las tecnologías emergentes, la concienciación ciudadana y los movimientos y partidos transhumanistas de los que hablaremos en el último capítulo de este libro.

Más agua, más terrenos, semillas tolerantes a la sequía, control de las cosechas, productos microbianos para controlar plagas, potenciadores de rendimiento, regadío por aspersión con elección de las horas en las que hay menos pérdida de agua por evaporización, robotización de la maquinaria agrícola con equipos inteligentes, es decir tractores con IA que estudien las plantaciones y alerten de cualquier plaga o anomalía en la cosecha. Y la utilización de drones y satélites. A través de los satélites sabemos cuál es el estado de las plantaciones y qué hay plantado. Se puede hacer un mapa de los cultivos de todo el mundo y saber, a través de un inventario, la comida que se dispondrá el próximo año.

En principio se trata de mayor inversión en el sector, pero el pequeño agricultor carece de los fondos necesarios para acceder a las nuevas tecnologías. Por ello será necesario la creación de créditos bancarios, la ayuda estatal y la creación de cooperativas que puedan utilizar conjuntamente esta maquinaría y tecnología.

Las nuevas tecnologías tienen que ser extensibles a las industrias agroalimentarias, ser aplicables en la reducción de CO_2, en la distribución con menos gastos de energía y con menos contaminación. Se debe llegar al control inteligente de las cadenas de frío, ya que las mayores pérdidas se producen en nuestros frigoríficos. ¿Cuántas veces en los hogares del mundo se ven en la necesidad de tirar alimentos congelados porque han superado su límite de caducidad? ¿Cuántos alimentos hay que desechar por una congelación incorrecta?

Al mismo tiempo que se reduce el CO_2 en las grandes ciudades se pueden potenciar las granjas urbanas, aprovechar espacios y plantar en azoteas. Pero para ello, insisto, debe reducirse la contaminación de las grandes urbes, de lo contrario los

Los huertos urbanos tienen una antigüedad de más de un siglo aunque actualmente se haya configurado como una tendencia en las grandes ciudades.

alimentos plantados en ellas se convertirán en un foco de enfermedades y productos no aptos para el consumo.

Uno de los problemas más discutidos es el consumo de carne. ¿Necesitamos las proteínas de la carne? Sabemos que la carne es uno de los alimentos más tóxicos que se consume. Un consumismo que se practica en muchos casos por el apetito carnívoro de los seres humanos, y en otros casos para marcar un estatus social.

Al margen de la toxicidad de la carne, existe un problema de la ingestión de un animal que ha padecido traumas, miedos y otros síntomas «psicológicos» debido a su enjaulamiento, sus hábitats no naturales y la artificialidad de su vida, su captura o su sacrificio. Todos estos acontecimientos se transforman en tumores, bilis, tumefacciones y otros aspectos cuyos efectos son patentes, según algunos especialistas, en los seres humanos que consumen animales.

Por otra parte determinado ganado para el consumo de carne es el que más contamina, más cuesta de mantener y más agua consume. Si a cada tipo de carne le calculamos la tierra necesaria por persona, destinada a soja, vemos que el cerdo asado representado 3 m², una hamburguesa 3,5 m², un curri de pollo, 2,5 m² y una simple salchicha a la brasa, 2,5 m².

La producción mundial de carne (vacuno, pollo o cerdo) emite a la atmósfera una cantidad de gases de efecto invernadero mayor que todos los medios de transporte mundial o todos los procesos industriales, una emisiones equivalentes a unos 6.500 millones de toneladas de CO_2 de gases de efecto invernadero. El mayor porcentaje del efecto invernadero de la producción de carne de vacuno proviene del CO_2 que ya no lo absorben los árboles y pastos sustituidos por terrenos dedicados al cultivo de pastos para alimentar al ganado. Luego está el metano que emiten los residuos animales y los propios animales cuando digieren la comida. Hay quién se ha dedicado a calcular cuánto metano suelta una vaca en flatulencias al año, pues aproximadamente 85 kg de metano, capaces de proporcionar unos 8.900 newton de empuje durante 33 segundos. Una fuerza capaz de elevar a 5 kilómetros una vaca de 380 kg.

Si queremos respetar el medioambiente y muchas especies, habrá que prohibir el consumo de carne, así como penalizar a aquellos que tiren alimentos o a los supermercados que los destruyan por no tener la imagen adecuada de cara al público. Habrá que aprovecharlo todo. Se deberán realiza controles de alimentos, no por su imagen, sino por currículo veterinario. No se puede volver a una situación como la que originó en Europa las vacas locas, habrá que garantiza la seguridad de los productos. Somos lo que comemos y los costos consecuencia de enfermar representan a la población a largo plazo cifras astronómicas.

2030: El consumo de carne habrá aumentado un 9%.
Según estimaciones de la FAO, el consumo de la carne se dispara en todo el mundo. Hemos pasado de criar 11.788 millones de gallinas en 1990 a criar 24.705 millones en 2012. Pero lo peor, por su gran contaminación, ha sido el ganado vacuno que, en las mismas fechas, ha pasado de 1.445 millones a 1.684 millones. El problema reside en hasta cuándo podremos aguantar la contaminación que produce, ya que se considera que la producción de carne es responsable del 14,5 de las emisiones de carbono. Y este ritmo sigue creciendo. Ya que los países desarrollados consumían en 1964 unos 60 kg de carne por persona al año, en la actualidad esa cantidad ha ascendido a 95,7 kg, y se calcula que en el 2030 será de 100,1 kg.

Otro de los grandes contaminantes es el ganado porcino, cuyo mayor productor es China que produce el 50% de toda la carne de cerdo mundial, seguida de EE.UU. con un 10%, Alemania con un 5,3% y España con 3,4%. Los contaminantes del ganado porcino afectan a los ríos y las aguas subterráneas convirtiéndolas en imbebibles.

Lo más grave es que la carne, aunque es muy energética, no parece ser la dieta ideal para los seres humanos, especialmente el cerdo y las carnes rojas. También existen fuertes polémicas por el suministro de antibióticos a los animales, cuyas cadenas llegan al ser humano, haciendo que cada vez los antibióticos sean menos efectivos en nuestras enfermedades.

La producción mundial de carne emite a la atmósfera una cantidad de gases de efecto invernadero mayor que todos los medios de transporte mundial.

SOMOS LO QUE COMEMOS

La alimentación del futuro dependerá en parte de la nueva biotecnología y la nanotecnología, y sin duda dependerá de los hábitos a raíz de los conocimientos adquiridos. El debate sobre la alimentación es profundo y afecta a un sector muy importante de la gastronomía. Es muy posible que un cóctel de pastillas diarias pueda evitar el tener que sentarse en una mesa a ingerir alimentos, una solución que para muchas personas sería ideal, pero otras no permitirían que les arrebatasen el derecho a degustar alimentos exquisitamente cocinados.

El cóctel de comprimidos que sustituyan el tener que comer no es una utopía, su desarrollo nos precipitaría a un problema como el de Alec Guinness en *El hombre del traje blanco*, película de la que hablado en el capítulo anterior. La industria alimenticia estaría en contra de la comercialización de este «cóctel de comprimidos», apoyados por los restaurantes y los grandes chef, las tiendas de comestibles y las cadenas de los supermercados, incluso los odontólogos argumentarían, basándose en la teoría de que la necesidad crea el órgano, que dicha práctica haría desaparecer la dentadura en el ser humano.

Pero insisto, cabe la posibilidad de crear un cóctel de comprimidos que nos eludan comer. Hoy las clínicas *antiaging*, ofrecen cócteles de vitaminas y minerales que precisa el cuerpo y recomiendan dietas bajas en calorías, en las que se prescinde de alimentos como la carne y la leche. Raymond Kurzweil, del

Hoy en día, algunas clínicas *antiaging*, ofrecen cócteles de vitaminas y minerales con el fin de prescindir de la leche y la carne en la dieta.

que hablaremos en el próximo capítulo, se somete a un tratamiento *antiaging* de 125 comprimidos diarios con el fin de llegar hasta el año 2045, fecha en la que la ciencia habrá alcanzado el secreto de la inmortalidad.

Destacan algunos técnicos en prospectiva que en el futuro se implantarán leyes que penalizarán a aquellas personas que ingieran alimentos que estén considerados dañinos para salud, que incluso se gravará sus impuestos y los tratamientos médicos consecuencia de las enfermedades contraídas por la alimentación indebida.

Hoy sabemos que nuestra salud depende de la alimentación que hemos ingerido a lo largo de nuestra vida, de nuestros hábitos alimenticios, de las dietas y el consumo de alimentos grasos. La mayor parte de las enfermedades son consecuencia de los alimentos que ingerimos y es por este motivo que grandes laboratorios están estudiando los problemas derivados de ciertos alimentos. La medicina personalizada se centra, particularmente, en los alimentos que consume el paciente, las reacciones que producen en su cuerpo, las proteínas que producen y toda una serie de aspectos que no se consideraban importantes. La longevidad y la salud humana, depende de lo que comemos, lo que respiramos y los contagios contraemos por el azar de la vida.

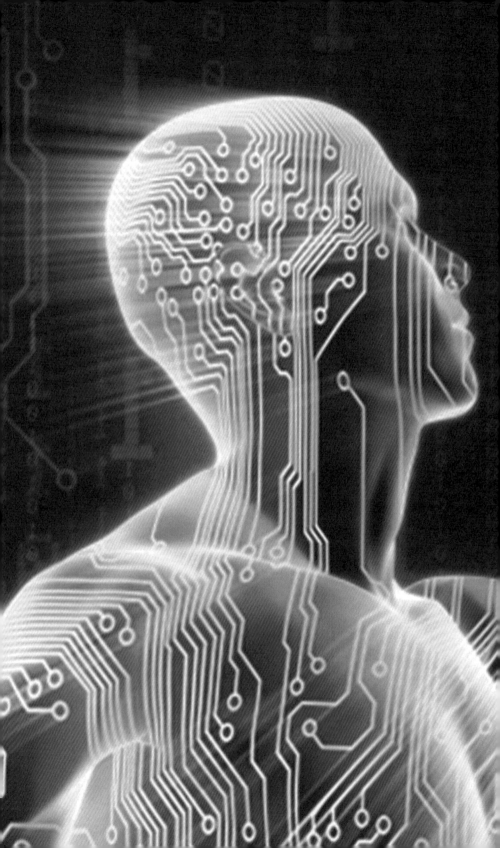

CAPÍTULO 4

CUANDO LA IA SUPERE A LOS HUMANOS

«… no sé si llegaremos a fiarnos de los sistemas de inteligencia artificial lo suficiente para dejarlos a su bola.»

PEDRO DUQUE (ASTRONAUTA)

«Esperamos ataques de ciberterrorismo de pesadilla contra las infraestructuras críticas.»

EUGENE KASPERSKY (PROPIETARIO DE LA MAYOR COMPAÑÍA ANTIVIRUS DE EUROPA)

«Existen dos tipos de empresas: las que saben que han sido atacadas y las que aún no saben que han sido atacadas.»

KASPERSKY LAB

LOS NUEVOS AMOS DEL MUNDO

No son los políticos ni sus partidos los que están cambiando el mundo, es la revolución tecnológica y los ideólogos de Silicon Valley. El mundo lo están transformando los científicos y tecnólogos que, en junio de 2013, en el Centro Lincoln de Manhattan, celebraban el III Congreso Global del Futuro y entregaban una carta abierta al secretario general de ONU, Ban Ki—moon, en la que unilateralmente le anunciaban que apostaban por un nuevo modelo de desarrollo capaz de hacer cambiar la conciencia humana y dar un nuevo sentido a la vida. En resumen, anunciaban que se ponían a trabajar, unilateralmente, en una nueva estrategia evolutiva de la humanidad con el objetivo de crear una nueva civilización.

¿Es soberbia por parte de los poderosos de Silicon Valley o es la toma del timón en un mundo cuyos gobernantes no están solucionando nada? Lo que anuncian, sin recelos, es que van a cambiar el mundo y la sociedad, y no esperan que nadie les tenga que autorizar para poder realizarlo y divulgar sus transformadores avances tecnológicos, ya que no juegan ni están dispuestos a jugar con las reglas y valores actuales. Es por este motivo que uno de sus directivos —Sebastian Thrun, director de los laboratorios de Google X y hombre de confianza de Larry Page— manifiesta sin recelos que «las reglas y leyes se dictan para consolidar las estructuras existentes y que ellos están dispuestos a eludirlas y reinventar nuevas formas de gobernar».

La elite de Silicon Valley tiene su propia filosofía y política, cuya máxima principal es el bienestar y la satisfacción para todo mediante la máxima autonomía y el mínimo intervencionismo posible del Estado. La gente de Silicon Valley son los que apoyan a los nuevos partidos políticos en América, como el Partido Transhumanista, cuyas afinidades son muchas; son los que encuentran *demodé* el bipartidismo de republicanos y demócratas. Los nuevos amos del mundo tienen lo que carecen muchos políticos: ideología.

Para triunfar hay que tener una ideología. Los partidos políticos modernos fracasan porque carecen de ideología. El filósofo Paolo Flores d'Arcais destaca sobre los partidos políticos actuales: «Los partidos han quedado en manos de profesionales cuyo interés prioritario es su propia carrera (...). Los partidos son máquinas que funcionan por captación, lo que lleva a la selección a los mediocres».

El símbolo h+ representa el transhumanismo.

Lo más importante de estos creadores de Silicon Valley es la filosofía, sus mecenazgos y los idealismos de los propietarios de las grandes empresas. Su crecimiento y su extensión no tienen límites, piensa en el espacio, en la Luna y Marte. Saben que con internet puede cambiar el mundo, transformar la sociedad y que nadie podrá impedirlo. Thrun cree lo que se avecina en el futuro es imparable.

Sergey Brin (Google), Larry Page (Google), Tim Cook (Apple), Mark Zuckerberg (Facebook), Bill Gates (Microsoft), saben que son los nuevos amos del mundo, con más poder que muchos presidentes de muchas naciones y con patrimonios y beneficios que superan los presupuestos nacionales de muchos países. No les importa el dinero, sino desarrollar sus ideas, poner en marcha su ideología, salvar al mundo de un sistema que lo lleva a la catástrofe. Y pueden conseguirlo gracias a la tecnología y la implantación de nuevos valores.

2045: La fecha en que Calico vencerá el envejecimiento y la muerte.

En Google está Ray Kurzweil, el ideólogo de Initiative 2045, el creador de Calico (California Life Corporation), el hombre que con sus diez doctorados honoris causa, está convencido que la tecnología será capaz de prolongar la vida humana y convertir a los seres en inmortales. En Calico, con una inversión de más de 1.500 millones de dólares, se está trabajando en detener el envejecimiento, en crear avatares biotecnológicos para poder transferir la mente humana y convertir a los seres humanos en inmortales.

Para Kurzweil la singularidad se alcanzará antes de 2045 y catapultará a la humanidad, en un instante, a un nuevo estadio de la civilización.

Ray Kurzweil, director de ingeniería de Google sostiene que en 20 años se ampliará nuestra expectativa de vida indefinidamente.

Destaca Kurzweil: «El cambio tecnológico será tan rápido que la vida humana se transformará irrevocablemente».

La realidad es que cada vez dependemos más de las computadoras que ya van siendo sustituidas por supercomputadoras. En 2014 diez países del mundo poseían 452 supercomputadoras:

- EE.UU.   264
- China   63
- Japón   28
- Reino Unido   23
- Francia   22
- Alemania   20
- India   12
- Canadá   10
- Corea del Sur   5
- Suecia   5

España estaría en este ranking en el puesto 19 con dos supercomputadoras.

2022: EE.UU tendrá un ordenador capaz de realizar 1000.000.000.000.000.000 operaciones por segundo.

La mayor computadora del mundo actualmente es Tianhe-2, en China, con una velocidad de 33.863 teraflops de velocidad. Sin embargo Estados Unidos proyecta tener, antes del 2022, un ordenador, que inaugurará la era del exaflop, capacidad de realizar un 1 seguido de 18 ceros de operaciones al segundo. Es decir si Tianhe-2 tiene una velocidad de 33.863 teraflops, el futuro ordenador tendrá un millón de teraflops.

Coral se utilizará para estudiar fenómenos meteorológicos, el cambio climático, big data, información militar, bioquímica, medicina.

¿Qué puede hacer el ciudadano normal ante este nuevo estadio de la humanidad? No puede hacer nada, es un mundo que viene y es imparable, por lo tanto debe de adaptarse a él para poder incorporarse en este AVE de supervelocidad. Mi consejo es que se informe sobre los avances tecnológicos que vienen, que no rechace las nuevas tecnologías, que se adapte y que sepa usarlas.

Cualquier rechazo es aislarse del mundo en que vive, y a no ser que uno quiera vivir solitariamente en una isla como Robinson Crusoe o como los Amish de Pennsylvania anclados en el siglo XVIII, tiene que aprender a manejar las nuevas tecnologías. Y sobre todo hacerlo ya, porque mientras más tiempo demore en utilizarlas, más complicado le parecerá su uso, y además, se irá dando cuenta que cada vez está más aislado. Hay que pensar que, como veremos al tratar la medicina que viene, la tecnología nos tendrá en contacto permanente con nuestra salud, vigilará nuestro cuerpo y transmitirá datos vitales sobre nuestro estado a los hospitales más cercanos. Pero, además, conducirá nuestros coches, manejará nuestro hogar y un sinfín de adelantos que no podremos evitar.

2020: Habrá 50.000 millones de dispositivos conectados a internet.

Los ciudadanos deben saber que para el año 2020, según Cisco Systems, habrá 50.000 millones de dispositivos conectados a internet. Y esto significa una forma de vida en la que todos los ciudadanos de los países desarrollados y los que se están desarrollando, estarán conectados y utilizarán, forzosamente la Red.

El mercado del móvil disponía en 2014 del 55,8% de la población mundial con móviles; para 2020 los móviles alcanzarán el 62% de la población mundial. Las conexiones de 3G/4G representaban en 2014 el 39%; en 2020 será del 69%.

ROBOTS CON IA (INTELIGENCIA ARTIFICIAL)

Voy a omitir parte de lo concerniente a la robótica, el lector que esté interesado más ampliamente en este tema puede leer mi último libro, *Ponga un robot en su vida*, que aborda ampliamente esa temática de la que no quiero ser repetitivo en estas páginas.

La realidad del futuro es que los robots harán la mayor parte de nuestro trabajo lo que significará más tiempo de ocio. Pero también significará que la IA reemplazará empleos bien renumerados. Un tema que hablo en el capítulo quinto cuando aborde las sociedades del futuro.

La IA entraña peligros como señalan Elon Musk y Stephen Hawking, advirtiendo que su desarrollo puede llevar al fin de la raza humana. Puede ocurrir que los robots alcancen una inteligencia mayor que la nuestra y decidan prescindir de nosotros, «neutralizarnos» como dirían en los servicios de inteligencia utilizando este eufemismo.

La realidad es que IA va ir llegando en diferentes niveles, no nos daremos cuentas y los robots serán más inteligentes que nosotros. Debemos preocuparnos por el control de esos niveles y que no lleguen nunca a autoprogramarse. Que el sistema pueda realizar ciertas tareas, pero que no sea autónomo, replicante y no pueda tomar sus propias decisiones. Y la autoprogramación no es una utopía lejana, en cinco o diez años veremos sistemas de IA que ya pueden autoprogramarse y replicarse, que pueden aprender por sí mismos.

La primera cuestión que tenemos que plantearnos es para qué queremos los robots, y si queremos que sólo tengan que seguir nuestras instrucciones, o sean más autónomos. Luego tenemos que plantearnos si sólo serán para uso doméstico, laboral o encargados de tareas difíciles que no puede hacer el ser humano, como trabajar en profundas minas, en el fondo del mar o en asteroides anclados cerca de la Tierra.

¿Debemos construir robot inteligentes policías o militares? ¿Quién les dará instrucciones? ¿Podrán matar? La robótica crea una gran diversidad de interrogantes, y es evidente que van a requerir muchos debates en los próximos años. También la creación de unas reglas en su programación, reglas que no todos respetarán.

Estas máquinas reflejarán nuestra especie y nuestro proceso evolutivo, todo lo que somos va a terminar en sus IA. Y precisamente no somos un tachado de virtudes. Si nos ven matar, matarán. Pueden reflejar el bien o el mal. Pueden terminar atacándonos y eliminándonos. Hay que idear códigos que impidan un desarrollo negativo.

El tema es tan importante que la ONU reunió en abril del 2015 expertos de la Convención sobre Armas Convencionales, para abordar el tema de los llamados Sistemas de Armas Autónomas Letales, o vulgarmente dicho: robots asesinos.

El Comité Internacional para el Control de los Robots Armados (ICRAC), alegando problemas para la seguridad mundial con la construcción de «robot asesinos», quería establecer una moratoria para estudiar la situación. Sin embargo, los países fabricantes e investigadores de este tipo de armas, alegaron que no podían admitir una moratoria si en esta no participaban todos los países, refiriéndose a China, Corea del Norte, Irán y otros. La reunión de la ONU en Ginebra acabó en un comunicado conjunto de buenas intenciones en la que se consideraba a los robots asesinos como «armas inhumanas», pero nada más.

La realidad es que más de mil científicos y técnicos de la IA, firmaron una carta abierta contra el desarrollo de robots militares que sean autónomos y prescindan de la intervención humana para funcionar. Esta carta fue presentada el 28 de julio de 2015 en Buenos Aires en la Conferencia Internacional de IA. Los firmantes advirtieron que no pretenden limita la IA, sino introducir límite éticos en los robots.

2018: La automatización estará en pleno apogeo en EE.UU.

Ya nadie duda que los robots van a crear conflictos sociales. Hay quienes auguran guerras entre los defensores de la robótica y los que quieren que estas máquinas desaparezcan de nuestras vidas. Los próximos gobiernos, especialmente el de EE.UU., van a tener que enfrentarse a la automatización. En el 2018 la automatización estará en pleno apogeo en EE.UU. y en otras partes del mundo. Se estima que podría sustituir el 50% de los puestos de trabajo, eso previendo que haya nuevos puestos de trabajo y nuevas cosas que hacer. La realidad es que los robots nos enfrentan a otra ola de desempleo. No tener empleo significa no poder proveer a nuestras familias. La solución a este problema sólo la conseguiremos cambiando los sistemas sociales y sus valores.

QUE LOS ROBOTS PAGUEN LOS IMPUESTOS DE TODOS

Va a ser necesario que el sistema de trabajo cambie, igual que el sistema educativo. Es cierto que se acabarán los trabajos peligrosos, insanos, contaminantes. Es cierto que nos dedicaremos a otras cosas, culturales y artísticas, pero hay que desarrollar esas área y ver cómo pueden mantener a la gente, como pueden crear riqueza. Buscar valor al conocimiento, al teatro, al arte.

La solución puede que sea que los robots paguen un impuesto por cada lugar de trabajo que ocupen o por la riqueza que generen. Eso significará un nuevo reparto de la riqueza obtenida entre todos los ciudadanos. Como veremos en el capítulo sexto la explotación de un solo asteroide pude aportar a la empresa que lo realice una fortuna inmensa, por lo que tal vez se trata de un reparto más equitativo de los beneficios que generen los robots, de considerar que los cuerpos espaciales como los asteroides, los fondos marinos o las entraña de la Tierras son parte del patrimonio de toda la humanidad. Y la explotación de sus riquezas por lo robots tienen que revertir en todos los seres humanos.

Existen, inicialmente, otros problemas. ¿Cómo se va a relacionar la gente con estas máquinas? ¿Surgirán protestas por negocios que sólo tiene robots? ¿Habrá manifestaciones porque los robots ocupan todos los puestos de trabajo? ¿Estamos preparados para los nuevos puestos de trabajo? ¿Serán los robots ciudadanos de segunda clase? ¿Y si su IA no acepta la circunstancia de ser ciudadanos de segunda clase y nos ven como opresores? Eso ocurriría si codificamos sus egos, sus sentimientos, etc. Ya lo he dicho, la codificación de los robots va a ser esencial para poder tener una convivencia pacífica con ellos.

De cualquier forma el problema más grave está en que estas máquinas de IA van a superar nuestro nivel de inteligencia, en la llamada época de singularidad. Claro que también nosotros podremos aumentar nuestra inteligencia con nootrópicos o chips incorporados, pero este es otro tema.

En principio el consejo al ciudadano medio es que aprenda a convivir con estas máquinas, que sepa cómo funcionan y que se valga de ellas para el trabajo doméstico y cotidiano. De la misma forma que usamos un tractor, una grúa de pluma o cualquier otra máquina, manejaremos los robots que actuarán en los lugares peligrosos y harán las tareas más duras. Si hay averías debemos de dejar que sean los especialistas los que «urguen» en su interior, los que verifiquen sus programas. No debemos de ver a los robots como una competencia, sino como una ayuda en las tareas más ingratas. También deberemos de aceptar que un chip craneal, no invasivo, sea instalado en nuestra cabeza con el fin de tener conexión directa con nuestro PC y otras personas. Muchos ciudadanos se opondrán a esta modalidad, pero deben de pensar que sus hijos la adoptarán rápidamente. No aceptar un hecho así será ver pasar el mundo sin comprender lo que está sucediendo en él.

Tal vez el día que los robots superen nuestra inteligencia serán nuestros maestros, nuestros cuidadores. Si los hemos programado bien pueden enseñarnos a ser mejor especie, menos bélicos, etc.

The Cloud (La nube)

Todos hemos oído la expresión de «la nube»: «fulanito trabaja en la nube», pero cuando preguntas qué es la nube, nadie sabe explicarte concretamente de qué se trata.

Uno de los problemas de la nube es la gran información que los usuarios están dando a través de internet. Uno se pregunta quién es el dueño de la información que se está utilizando. Qué acceso tiene el fabricante. Hasta qué punto penetran en nuestra intimidad.

Los poderosos de Silicon Valey compiten entre ellos para alcanzar cada día plataformas con datos cada vez más grandes e inalcanzables para sus competidores.

Hoy la plataforma consolidada y dominante es Facebook. Tiene 1.440 millones de usuarios mundiales. Parte de sus ganancias las revierte en gastos de investigación y desarrollo, unos 1.000 millones de dólares. Facebook también invierte en nuevas tecnologías: Hay unos 7.000 millones de portátiles e inalámbricos. Casi tantos como habitantes tiene el planeta. Por otra parte, Facebook ha comprado por 16.000 millones de dólares WhatsApp, e invierte en realidad virtual y construye

La computación en la nube es un paradigma que permite ofrecer servicios de computación a través de una red, que usualmente es Internet.

centros de datos por todo el mundo. Su propietario, Zuckerberg, tiene un patrimonio de 36.000 millones de dólares, y parte de su ideología es reducir la pobreza mundial.

internet cuenta con 3.000 millones de usuarios en todo el mundo, creciendo a un ritmo de 500.000 diarios. La ideas es, con drones o satélites, hacer llegar internet a todo el planeta. Por ahora Facebook ha invertido 1.000 millones de dólares en aumentar la conectividad en países en desarrollo.

internet no es sólo tecnología emergente, sino algo capaz de producir cambios sociales en la historia de la humanidad.

internet no es sólo conexión a la Red, es millones de puestos de trabajo, información de todo tipo para los que acceden a la Red, conocimiento, educación. La idea final es ofrecer acceso gratuito a internet, como se ha hecho en Zambia, creando un gran efecto positivo, una forma de ayudar y educar.

Las empresas dependen cada vez más de servidores remotos que almacenan y procesan la información, es lo que conocemos como The Cloud (La nube), que se ha convertido en el principal factor de desarrollo de internet. La Red, según Eric Schmidt de Google, es «un mundo dominado por los teléfonos inteligentes, una red muy rápida y la nube».

La nube es la que permite a los particulares acceder a sus datos desde cualquier dispositivo, y a las empresas les ayuda ofreciendo una gran cantidad de información, así como almacenarla y procesar los datos con mayor velocidad y menor coste. Hoy nuestras vidas están en la nube. Pero pronto, la nube, tendrá conexión con electrodomésticos, y asistirá a los vehículos con sus conductores robots. La nube será tiendas virtuales, empresas turísticas, estadísticas, servicios sanitarios, guías ciudadanos, etc.

Esto comportará grandes centros de almacenamiento de datos de información confidencial. Google dispone de 14 centros en todo el mundo, donde la información se duplica, para evitar que en caso de una catástrofe se pierda. Son centros con extremadas medidas de seguridad, ante robo, asalto o acción terrorista. Además la información está encriptada.

Hoy la nube se la reparten entre Amazon (28%), Microsoft (10%), IBM (7%), Google (5%), Sales Force (4%),Rockspace (3%) y otros (43%).

No hay que olvidar en todo este escenario que trata de dominar el mundo a través de internet, la irrupción de nuevos protagonistas, tal es el caso de China que, entre sus cuatro ámbitos prioritarios está el ciberespacio.

China tiene más internautas que ningún país en el mundo, y ha anunciado una futura inversión en la Red de su país de 169.000 millones de euros en los próximos años. Sólo precisa dos cambios: agilizar las conexiones con una mayor velocidad —actualmente 4,17 megabytes/segundo, frente a 23,6 megabytes/segundo de Londres o New York—, y retirar el muro de censura (Great Firewall) que impide el paso de la libre información. China ya ha creado su propia internet, con una alternativa a Twitter llamada Weibo; un sustituto de YouTube, You-Ku; otro de WhatsApp llamado WeChat.

PREDICCIONES KURZWEIL PARA LOS PRÓXIMOS 25 AÑOS

Nadie discute que Raymond Kurzweil no tenga una gran visión del futuro, además está trabajando en ese futuro y sabe lo que emergerá de los laboratorios tecnológicos en los próximos años. Ya en 1990 predijo que una computadora podría derrotar a un campeón mundial de ajedrez en 1998. Luego, en 1997, Deep Blue de IBM derrotó a Gary Kasparov.

También predijo que los PCs serían capaces de responder a las preguntas mediante el acceso a la información de forma inalámbrica a través de internet para el año 2010. Predijo que en la década de 2000 aparecerían los exoesqueletos que permitirían andar a los discapacitados.

También predijo que las pantallas de ordenador se construirían en gafas de realidad aumentada en 2009. Google Glass comenzó a experimentar con prototipos en 2011. En 2005, predijo por la década de 2010, las soluciones virtuales serían capaces de hacer de traductores en tiempo real, es decir, en el que las palabras que se hablan en una lengua extranjera se traducen en un texto que aparecería como subtítulos a un usuario que usa las gafas. Bueno, Microsoft (a través de Skype Translate), Google (Translate), y otros han hecho esto y más allá. Una aplicación llamada Word Lens realmente utiliza su cámara de encontrar y traducir las imágenes de texto en tiempo real.

¿Qué nuevas predicciones nos presenta Kurzweil para los próximos 25 años?

Kurzweil nos describe el futuro de la década de 2020 con mucho optimismo, ya que asegura que la mayoría de las enfermedades desaparecerán a medida que se vuelven más inteligentes los nanobots y se utilicen en la tecnología médica. Kurzweil, que toma más de 130 pastillas al día para poder conservase hasta el año 2045, cree que la comida normal que ingerimos será sustituida por nanosistemas. El test de Turing comenzará a ser aceptable, por lo que conversaremos con un robot y no nos daremos cuenta que es una máquina. También augura que los coches tendrán autoconducción y comenzarán circular por las carreteras, también cree que a la gente no se les permite conducir en las carreteras.

Los primeros coches sin conductor ya han empezado a circular de manera experimental por algunas carreteras.

2040: La inteligencia no biológica será mil millones de veces superior a la inteligencia biológica

Destaca Kurzweil que en la década de 2030, la realidad virtual comenzará a sentirse 100% real. Vamos a ser capaces de cargar nuestra mente a finales de la década. Y en la década de 2040, la inteligencia no biológica será mil millones de veces más grande que la inteligencia biológica. La nanotecnología podrá obtener la comida de la nada y crear cualquier objeto en el mundo físico a su antojo. Finalmente para el 2045, multiplicaremos nuestra inteligencia en mil millones de veces al vincularnos, de forma inalámbrica, desde nuestro neocórtex a un neocórtex sintético en la nube. También es la fecha en la que asegura que se alcanzará la inmortalidad.

LOS PRÓXIMOS DIEZ AÑOS SEGÚN DIAMANDIS

Peter Diamandis es ingeniero y médico, fundó con Raymond Kurzweil la Universidad de la Singularidad. Es uno de los miembros del megaproyecto Initiative 2045. En la actualidad es presidente de la Fundación X—Prize y dueño de Planetary Resources Inc., empresa dedicada a la localización de asteroides peligrosos para la Tierra. Diamandis se ha aventurado a realizar ocho predicciones para los próximos diez años. Se trata de ocho áreas en las que veremos grandes transformaciones en la próxima década.

Peter Diamandis es uno de los fundadores de la Universidad de la Singularidad.

1. Diamandis asegura que en el 2025, por mil dólares podremos comprar una computadora capaz de calcular 10.000 billones de ciclos por segundo, una velocidad de procesamiento equivalente al cerebro humano.

2. En 2025, la OIE superara los 100 mil millones de dispositivos conectados, cada uno con una docena de sensores recopilando datos. Esto nos lleva a un billón de sensores, una revolución de datos más allá de nuestra imaginación.

3. Con un billón de datos recopilados por los sensores en coches autónomos, sistemas de satélites, drones, cámaras, etc., se podrá conocer todo lo que se quiera, en cualquier lugar donde uno se encuentre.

4. Habrá 4.800.000.000 de personas conectadas a internet. Facebook, SpaceX, Google, Qualcomm y Virgin estarán a punto de lograr la conectividad global para todos los seres humanos de la Tierra, a velocidades superiores a un megabit por segundo. Estos significará que el número de conectados será de 8.000.000.000., con una conexión Mbps, acceso a la información en Google, impresión en nube 3D, Amazon Web Services, IA con Watson, crowdfunding, crowdsourcing, etc.

5. Las instituciones de salud serán mejores y más eficientes. Usaremos sensores biométricos —fabricados por Google, Apple, Microsoft, IBM— que nos permitirán controlar nuestra salud. Las secuencias genómicas se realizarán a gran escala, lo que nos permitirá comprender las causas del cáncer, las enfermedades del corazón y las neurodegenerativas. Los robots serán los cirujanos autónomos y cada uno de nosotros será capaz de regenerar un corazón, hígado, pulmones o un riñón cuando lo necesitemos sin necesidad de esperar a un donante.

6. Surgirá la nueva generación de pantallas interface. Las gafas sustituirán las pantallas como hoy las conocemos. La

realidad virtual nos ofrecerá educación, viajes, entretenimiento y relaciones con otras personas.

7. La investigación de la IA progresará notablemente en la próxima década. Si usted piensa que Siri es útil ahora, la generación de la próxima década de Siri será mucho más como JARVIS de Ironman, con capacidades ampliadas para entender y responder. Hoy empresas como IBM Watson, Deep Mind y Vicarious trabajan en la actualidad en la creación de sistemas de IA de última generación.

8. Si usted no ha oído hablar de la *blockchain*, le recomiendo que lea sobre ella. Es posible que haya oído hablar de bitcoin, que es la criptomoneda de alta seguridad (global) descentralizada basada en la *blockchain*. Pero la verdadera innovación es la *blockchain* en sí misma, un protocolo que permite la vigilancia directa, sin intermediarios, de las transferencias digitales de valor y activos.

Una nueva pesadilla: el cibercrimen

A finales de 2015, cinco mil millones de objetos (teléfonos, vehículos, electrodomésticos, sistemas de seguridad de casas, etc.) estarán conectados a internet, un mundo del que dependeremos y que será, y es ya, susceptible de ataques y sabotajes, de ciberespionaje y piratería. Frente a estos peligros que amenazan el futuro de la humanidad, cada vez más dependiente de la Red, han surgido los Centros de Seguridad, para enfrentarse a los ciberataques, ciberdelitos, cibercrímenes, ciberespionaje, etc. Algunos, como la empresa rusa Kaspersky que tiene 400 millones de abonados y se enfrenta diariamente a 325.000 virus nuevos y variaciones sobre códigos ya conocidos como el Stuxnet, que causó estragos en las centrifugadoras del programa nuclear iraní, y el Flame, considerado arma cibernética.

En 2014 la Administración pública española se enfrentó a 18.000 ataques informáticos. En 63 casos contra instalaciones energéticas, 14 dirigidos contra el sector del transporte, 6 contra tecnologías de la comunicación, 4 contra la industria nuclear, 3 contra los sistemas tributarios.

La aparición de ciberataques y amenazas persistentes avanzadas requiere un nuevo enfoque de protección y seguridad cibernética.

La Red se ha convertido en un «barrio» peligroso de la gran urbe global. Se producen introducciones de códigos maliciosos, fraudes, ataques con virus troyanos, sabotajes, atentados, robos en cuentas privadas, acceso a archivos privados, espionaje industrial, cambio de medidas en las gasolineras, etc. Sin contar con el ciberterrorismo que puede atacar las redes que sostienen la economía e infraestructura de un país, realizando cortes eléctricos, explosiones en las redes de gas, choques de trenes, bloqueos del control aéreo, etc.

El ciberespacio está sometido a amenazas, en algunos casos por *hackers* que no se limitan a espiar, sino a destruir. Entre los objetivos de la ciberdelincuencia están los números de las tarjetas de crédito, los historiales médicos, los ransomware bloqueando archivos de ordenador y solicitando al propietario un rescate por el desbloqueo. Existen bandas que llegaron a robar en 2013, vía internet, hasta 900 millones de dólares. Hablo de organizaciones criminales con ramificaciones en Rusia, China y Ucrania, una ciberdelincuencia que ha desarrollado programas dedicados a vulnerar claves de sistemas cifrados, lo que se llama *Bullrun*. Entre los delitos más graves estarán aquellos en los que el delincuente obtiene acceso a la comunicación del marcapasos de un paciente con su servicio médico. El ciberasesinato se produciría cuando el *hacker* ejecutor intercepta la comunicación del marcapasos o en unos implantes de insulina altera las dosis.

CONSEJOS PARA PROTEGERSE EN EL CIBERESPACIO

Nadie nos va a proteger de los cibervirus al cien por cien, así que la única protección está en nuestras medidas individuales de nuestro ordenador y nuestra infraestructura conectada a la Red.

Un ciudadano normal que utiliza su ordenador para escribir, diseñar, leer, informarse, comprar y establecer relaciones a través de Facebook, también está en peligro de ser asaltado por la ciberdelincuencia. No podrá hacer nada contra grandes organizaciones, pero puede evitar muchos problemas si sigue algunos de estos consejos:

- Instale una contraseña combinando letras y números.
- Actualice sus sistemas y no los compre piratas.
- Use navegadores de internet fiables.
- Haga copias de seguridad y almacene su información en empresas fiables.
- Desconfíe de las wifi públicas que le ofrecen determinados lugares. Conéctese sólo con garantías.

- No se conecte a contenidos piratas, es una forma que tienen los ciberdelincuentes de entrar en su dispositivo.
- Tenga un antivirus actualizado.
- No deje nunca su contraseña escrita en ordenadores públicos.
- Active la autenticación por dos factores en su correo electrónico y cuentas en línea.
- Aprenda a encriptar sus mensajes y sus contenidos.
- Los servicios de mensajería instantánea o tipo chat ofrecen pocas garantías de seguridad.
- Antes de aceptar algo (redes sociales, tiendas *online*, mensajes) cerciórese.
- Asegúrese de la honestidad de las tiendas online dónde compra, pueden estafarlo virtualmente. Compruebe su existencia.

Al margen de estas medidas de protección personal, que tenemos la responsabilidad de asegurar, debe saber que como consumidor debe exigir a las compañías que aumenten la seguridad de sus productos.

Podemos, como ciudadanos, responsabilizar a los gobiernos de no haber tomado las medidas de seguridad necesarias para impedir ataques a las infraestructuras que utilizamos. El gobierno, sea el que sea, tiene la obligación de proteger el ciberespacio, como ha tenido la obligación de proteger a los ciudadanos de ataques de otros países, delincuentes o terrorismo. Ahora en su lista de deberes está la defensa de los ciberataques.

Un último consejo tanto sea un simple ciudadano o un empresario. Para proteger a un mandatario de un atentado, se establecen diferentes círculos de protección, tres como mínimo. Haga lo mismo con su protección de ordenador e infraestructura alrededor de él. Detecte posibles intentos de ciberataque en los perímetros y tome las medidas necesarias para evitar que lleguen hasta el disco duro de su ordenador.

TRES ESCENARIOS HIPOTÉTICOS

PRIMER ESCENARIO

Todo el desarrollo cibernético depende de las condiciones magnéticas de la Tierra, la era del ciberespacio depende de la regularidad solar y los campos magnéticos. Las erupciones solares se convierten en un peligro para la estabilidad de las comunicaciones terrestres. El viento solar, al chocar en la magnetosfera terrestre descarga miles de millones de vatios de electricidad, energía que fluye por las líneas de los campos magnéticos hacia los polos. Esta energía crea una tempestad en el campo magnético terrestre que, dependiendo de su intensidad, puede dañar los satélites y las comunicaciones, puede dejarnos sin internet durante horas. Al depender, casi todo de la Red, los controles aéreos quedarían anulados, la telefonía móvil y los GPS no funcionaría, los suministros de agua, gas y electricidad serían servicios colapsados. Es como si se produjese un gran apagón que puede durar horas. Una situación parecida al apagón de Quebec en 1989 originado por una tormenta solar.

Este escenario puede ser aún más grave si se produjese una inversión de los polos magnéticos de la Tierra. Muchas personas pueden alegar que este escenario hipotético es rizar el rizo, y que no hay pruebas de que esto pueda suceder. Es un error pensar así, puede haber una inversión del campo magnético ya que, este suceso, es una realidad constatada por la imanación fósil. Ha habido frecuentes inversiones magnéticas en la historia de nuestro planeta por causas que se desconocen. Las investigaciones sobre este tema muestran que la Tierra ha tenido estas inversiones. Indudablemente en una civilización tecnológica como la nuestra este hecho produciría un caos que predominaría hasta que nuestra tecnología se adaptase al nuevo cambio de polaridad.

El campo magnético de la Tierra protege la vida de nuestro planeta.

SEGUNDO ESCENARIO

El segundo escenario está basado en una predicción de Hugo de Garis, doctor en la Vida Artificial de la IA de la Universidad de Bruselas, que augura una guerra entre partidarios y detractores de la IA.

Garis nos describe en su libro, *The Artilect War* (2005), un escenario donde los robots han llegado a un incremento de la IA ilimitado. Se convierten en mucho más inteligentes que los seres humanos y llegan hasta unos niveles que los humanos, al lado de ellos, son seres ignorantes.

En este escenario de Hugo Garis los robots quieren dominar el mundo y esto origina una guerra entre las máquinas inteligentes o «artilectos», apoyadas por una parte de los humanos que denomina «Cosmism», contra el resto de la humanidad denominados «Terran» que se oponen a ellos.

Para Hugo de Garis no se trata de un relato de ciencia—ficción, sino una posibilidad de finales del siglo XXI. Una guerra en la que morirían millones de seres humanos que, para los «artilectos» son un estorbo en la Tierra.

Este escenario no deja de reflejar el peligro de dotar a los robots con una IA que se incremente sin límites, que supere a la humana, y los convierta en dioses, capaces de autoprogramarse y duplicarse.

TERCER ESCENARIO

Es un escenario muy deseable en que los robots trabajarán por los seres humanos que se dedicarán al ocio, la cultura, el arte, el deporte y otras actividades. La capacidad de los robots en extraer riquezas de la Tierra, el fondo del mar o del espacio, haría que estas se convirtieran en patrimonio de toda la humanidad y fuesen repartidas según unas normas establecidas.

En este escenario, todo ciudadano estaría incorporado a la Red a través de un chips intracraneales, que le permitiría hablar con otras personas, estar al corriente de las actividades lúdicas, consultar a su médico y proponer leyes en un Parlamento virtual en que las decisiones, a petición de los ciudadanos, serían juzgadas, consideradas y aprobadas o rechazadas, según los análisis de prioridades, posibilidades, necesidades o mayorías, por una potentísima computadora que sustituirá a los gobernantes y políticos.

CAPÍTULO 5

NUEVOS RÉCORDS Y FUTURAS OLIMPIADAS

«Comprender nuestro lugar en el tiempo y en el espacio ha sido una de nuestras mayores hazañas intelectuales como especie.»

BRIAN COX (FÍSICO DE PARTÍCULAS)

«Lo importante como civilización es acumular conocimientos y educar a los más jóvenes.»

BRIAN COX

«Mi nuevo libro puede tratar sobre mi supervivencia en contra de todo pronóstico.»

STEPHEN HAWKING EN STARMUS 3

Un modelo socio—económico en crecimiento

Si somos inteligentes, si aprovechamos nuestros conocimientos y las tecnologías emergentes, el escenario del mundo del futuro puede ser bastante bueno para la civilización. Todo depende de cómo administremos y repartamos nuestros recursos, equilibremos nuestras economías y muy especialmente de cómo evolucionen nuestros sistemas políticos y resolvamos nuestros enfrentamientos territoriales, religiosos y étnicos. Temas que abordaremos en el último capítulo de este libro.

Mientras sepamos cómo puede ser uno de los modelos sociales, pero conozcamos también quiénes son y serán las economías más grandes del mundo, ya que parte de ese modelo de progreso dependerá del factor económico.

2050: La primera economía mundial será China, seguida de la India

En el 2014 las economías más grandes del mundo eran: EE.UU con 17.416 (miles de millones de dólares); seguido de China con 17.632 y, en tercer lugar India con 7.277. Si seguimos la misma tendencia de crecimiento, en el 2050 China habrá superado a EE.UU. y alcanzará los 61.079 (miles de millones de dólares), seguida por la India con 42.205, y en tercer lugar EE.UU con 41.384, luego les seguirán Alemania, Rusia, Japón, Brasil, Francia, Indonesia e Inglaterra.

2050: Los cristianos serán 2.900 millones, los mahometanos 2.800 millones, y habrá 1.300 millones de ateos

En cuanto a religiones el Islam, en el 2050, estará a punto de superar al cristianismo en número de fieles. Así los cristianos serán en ese año 2.900 millones de fieles; los mahometanos habrán alcanzado los 2.800 millones de fieles. Estas dos grandes religiones dominarán el mercado de las creencias seguidas por los hindúes y los judíos. Destacaré que en ese momento el número de ateos del mundo habrá alcanzado la cifra de 2.300 millones.

El escenario ideal será un mundo sumido en los grandes espectáculos, en los que exploración y competición serán los protagonistas. Estos acontecimientos se seguirán a través de las pantallas murales de televisión instaladas en las casa o en el centro del salón donde se nos ofrecerá el entretenimiento en un definido holograma en 3D.

2020: La década de la alta velocidad en las redes

Los acontecimientos deportivos seguirán teniendo la mayor audiencia. Las carreras de Fórmula 1 con bólidos que doblarán la velocidad de los actuales, o las competiciones de futbol, baloncesto y rugby serán lo más visto, pero ahora las cadenas de televisión contarán con potentes cámaras, microcámaras, sensores o cámaras en drones que no se perderán detalle del acontecimiento. Todo desde el sillón de casa, en la primera fila del holograma que intercalará noticias y sucesos entre los acontecimientos deportivos. internet estará integrado en el televisor o el holograma y el 2020 se convertirá en una década con redes inalámbricas mucho más veloces superiores a las 3G y 4G. Podremos visitar museos en 3D o explorar las selvas amazónicas guiados por un dron que se filtrará entre vegetación, árboles y lianas. De la misma manera que exploraremos cuevas o bajaremos a las profundidades del mar.

Las pantallas murales de televisión instaladas en las casas o en el centro del salón nos ofrecerán el entretenimiento en un definido holograma en 3D.

EL ESPECTÁCULO GARANTIZADO DE LOS ROBOTS

Una de las competiciones que está adquiriendo popularidad es la que enfrenta a robots en pruebas de habilidad o el combate entre ellos. El primer espectáculo comenzó en 2013 en Honesfead (Miami) con el nombre de «El Gran DARPA, Desafío de Robots». En él compitieron 17 robots mostrando sus habilidades en: conducción de un vehículo, andar sobre un suelo dificultoso, despejar un camino, abrir una serie de puertas, subir una escalera industrial, utilización de herramientas eléctricas, conectar una manguera de agua, etc. A partir de ahí esta competición se ha convertido en una evento anual.

Al margen de este acontecimiento, el mundo de los robots nos promete otro espectáculo aún mayor: el enfrentamiento entre dos robots gigantes, uno estadounidense y el otro japonés, en un combate espectacular.

2016: Primer combate entre robots gigantes

Este desafío que tendrá lugar en el 2016, surgió como consecuencia de un vídeo promocional de la empresa estadounidense Megabots. En el citado vídeo aparecía un robot gigante que lanzaba, de forma abierta y directa, un reto a la empresa competidora japonesa, la compañía Suidobashi Heavy Industry.

Suidobashi, tras aceptar el reto, ha publicado su propio vídeo promocional que caldea este futuro combate entre robots gigantes. El equipo americano quiere que el reto sea lanzándose bolas de pintura entre los robots, pero los japoneses proponen un verdadero combate cuerpo a cuerpo en el que los robots puedan golpearse como en las películas de ciencia-ficción.

El protagonista robótico americano es Mark II, un gigante de 5.400 kilos que precisa dos personas para ser pilotado. Mark II se mueve mediante cadenas igual que un tanque. Está armado con dos cañones que disparan bolas de pintura de 1,3 kg a 161 km/h. Mientras que el robot japonés, de 5.000 kg de peso, se mueve con tres ruedas, tiene dos brazos capaces de golpear a su oponente y en su cabina sólo va una persona para controlarlo. Puede ser un combate estremecedor, donde potentes brazos articulados, tal vez construidos en durísimas fibras de carbono, se golpeen con impresionantes crujidos. Cinco toneladas contra cinco toneladas, haciéndose tambalear por fuertes envites, empujones y codazos. Una lucha que solo hemos visto hasta ahora en la cinematografía cargada de efectos especiales. Pero el combate que nos ofrecen ahora es real, sin efectos especiales, con robots tripulados por humanos como en la Guerra de las Galaxias o Avatar.

El año próximo tendrá lugar este combate en el que aún no se ha especificado el lugar, la «arena» o «circo» de combate, pero es evidente que los competidores quieren convertir en un deporte los combates entre robots gigantes.

MegaBots y Suidobashi Heavy Industry, son dos empresas dedicadas al desarrollo de hardware robótico.

ALGO SOBRE LOS EXOESQUELETOS

Antes de abordar los juegos paraolímpicos, o tal vez deberíamos llamarlos «tecno-paraolímpicos», veamos algunos avances en los exoesqueletos.

Sepamos, inicialmente, que ha sido DARPA (Defense Advanced Research Projects Agency) quien ha proyectado y financiado más la industria de los exoesqueletos.

DARPA, al margen de la investigación en el campo de la neurociencia, ha volcado gran interés en los exoesqueletos, desarrollando un programa, denominado Web Warrior, en el que dota a los soldados de un exoesqueleto que impide la aparición de lesiones músculo—esqueléticas, da estabilidad y reduce las tensiones permitiendo movimientos seguros, proporcionándole al soldado mayor velocidad y la sensación de que la carga que lleva es más ligera. Recordemos que, incluso en combate, la carga de la munición necesaria se convierte en un sobrepeso para el soldado.

DARPA quiere dar una imagen de preocupación y responsabilidad por los soldados cuidando, asistiendo y asegurándoles su estructura física ante posibles lesiones. Pero también quiere resolver los problemas que sufren los excombatientes que han quedado parapléjicos, han perdido miembros y se ven impedidos para llevar una vida normal. Los nuevos brazos y manos ortopédicas, prótesis robóticas, así como los exoesqueletos se presentan como una compensación a aquellos que han perdido sus miembros luchando en el ejército de EE.UU. Se trata de que, en lo máximo posible, puedan llevar una vida digna sin necesidad de verse confiscados por la falta de miembros.

Otras empresas también se han volcado en este sector, desarrollando programas informáticos que conectan el cerebro a una máquina y ordenadores para poder manejarlos con el pensamiento. Equipos que consisten en un casco con electrodos que capta las órdenes mentales, el software las interpreta y luego transmite instrucciones capaces de manejar un electrodoméstico de forma remota o una silla de ruedas. Funciona al pensar en sencilla palabras como: encender, apagar, adelante, atrás, derecha e izquierda. Con este procedimiento se puede controlar un robot y darle instrucciones sobre lo que debe hacer, actividades como traer un medicamento, abrir una puerta, o atender una llamada telefónica.

En el caso del Rewalk, tenemos un exoesqueleto que ofrece un dispositivo motorizado que permite a un parapléjico ponerse en pie, caminar y sentarse. El esqueleto externo es ajustable y se apoya en las piernas y en el torso, llevando unos motores que posibilitan el movimiento en las caderas, rodillas y tobillos. Es un exoesqueleto que, además, estimula eléctricamente los músculos y se convierte, a la vez, en un interfaz cerebro—computadora. La tecnología BCI (Brain Computer Interfaz) utiliza un casco con sensores que detectan en el cerebro la intención de determinados movimientos. Por ejemplo, detecta la intención de caminar en el pensamiento, lo que le permite codificar una señal eléctrica que se envía a un ordenador que, a su vez manda la orden de caminar al exoesqueleto.

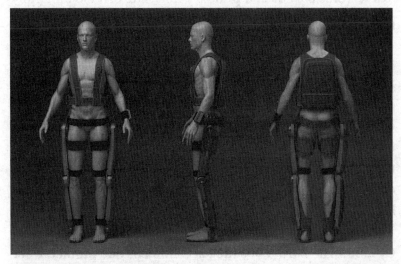

La convergencia entre neurociencia, robótica e ingeniería está permitiendo crear y comercializar sistemas robóticos para que los paralíticos por enfermedad o lesión puedan soñar con volver a caminar.

Gadgets para vivir mejor

Algunos ya a la venta, otros en experimentación, son los gadgets del futuro para controlarse, entrenarse y corregirse. Gadgets electrónicos como el Ghost, dispositivo de entrenamiento personal que se lleva en la muñeca y avisa sobre los movimientos correctos e incorrectos que realiza el deportista. Es ideal para deportistas con discapacidad. Un nadador será informado si la posición de su brazo es la correcta y la brazada tiene el ángulo necesario para avanzar más rápido.

Otro dispositivo es Haptic Vision que se coloca alrededor del pecho y promete mejorar la autonomía de los atletas ciegos o con discapacidad visual. Además el dispositivo emite una serie de vibraciones que guían al atleta y lo mantienen dentro del trayecto durante la carrera. Rainbow Touch, permite a los atletas reconocer los colores de su equipo. El Rainbow Touch utiliza texturas basadas en puntos y líneas de diverso tamaño y grosor, que representan los distintos colores.

Las piernas prostéticas Endura sirven para resolver los inconvenientes y la incomodidad que sufren durante los entrenamientos los atletas que llevan prótesis. Están constituidas en una estructura robusta y abierta que soluciona la acumulación de sudor con ventilación máxima, utilizando para ello la tecnología del algoritmo óseo a fin de obtener un ajuste óptimo. También está el Brainsled que permite a las personas con discapacidad física competir en trineos con impulsos mentales por medio de unos auriculares especiales.

Muchos de estos instrumentos se emplearán en el Cybathlon de 2016, unos Juegos Olímpicos que prometen ser muy espectaculares.

Cybathlon 2016

Muchos atletas biónicos, con exoesqueletos, extremidades tecno—ortopédicas, dispositivos de BIC (Brain Interface Computer), se preparan para competir en el Cybathlon, el 8 de octubre de 2016, y que se llevará a cabo en Zurich, Suiza.

Mientras que los organizadores de los deportes tradicionales aceptan el aumento tecnológico a regañadientes, se prepara el Cybathlon 2016, una especie de híbrido entre el XPrize y los Juegos Olímpicos. Atletas disminuidos competirán utilizando dispositivos de asistencia como exoesqueletos accionados, prótesis robóticas e interfaces de control cerebral.

Los Juegos Paralímpicos con asistencia robótica se celebrarán en Zurich durante el mes de octubre de 2016.

2016: Cybathlon, los Juegos Olímpicos tecnológicos

El Cybathlon es una múltiple modalidad atlética que inauguro el velocista paralímpico en los Juegos Olímpicos del 2012, Oscar Pistorius con sus piernas de prótesis de fibra de carbono. A partir de ese momento todos los competidores saben que los Juegos Paralímpicos estarán dominados por la tecnología y sus participantes serán cíborgs.

Ante esta posibilidad se barajan nuevos tipos de pruebas y competencias, se establecen nuevas normas y nace el Cybathlon, un campeonato de carreras de pilotos con discapacidad, una competición para atletas que utilizarán dispositivos de asistencia avanzadas, incluidas las tecnologías robóticas. Un evento organizado por el Centro Nacional Suizo de Competencia de Investigación en Robótica (Robotics NCCR).

Se pretende que estas competiciones sean de diferentes disciplinas en las que se puedan utilizar las prótesis más modernas de rodillas, prótesis de brazo, exoesqueletos accionados, sillas de ruedas eléctricas, músculos estimulados eléctricamente y las interfaces cerebro—computadora.

Los dispositivos de asistencia procederán de préstamos empresariales y prototipos desarrollados por los laboratorios de investigación. Por esta razón se darán dos medallas para cada competición, uno para el participante, que está impulsando el dispositivo, y otra para el proveedor del dispositivo.

Las competiciones que se han previsto son variadas y caben en todo tipo de discapacidades. Habrá quienes competirán con una prótesis de brazo y tendrán que completar con éxito dos cursos de tareas de mano—brazo lo más rápido posible.

Habrá una carrera en la que los participantes estarán equipados con interfaces cerebro—ordenador (BCI) que les permitan controlar un avatar en un juego de carreras jugado por los equipos.

Los participantes con lesión medular completa podrán recurrir a la ayuda de la estimulación eléctrica, para poder llevar a cabo un movimiento de pedaleo en un dispositivo de ciclismo que les permite realizar un recorrido circular.

Participantes con amputación transfemoral estarán equipados con dispositivos exoprostésicos accionados por ellos mismos, y tendrán que completar con éxito un tramo de la carrera lo más rápido posible.

Aquellos que tengan lesiones de la médula espinal torácica o lumbar completas podrán ser equipados con dispositivos exoesqueléticos accionados, que les permitirá caminar por un campo de regatas especialmente adaptado para esa prueba.

Los participantes con diferentes niveles de discapacidad (por ejemplo, cuadripléjicos, parapléjicos, amputados) estarán equipados con sillas de ruedas eléctricas, lo que les permitirá mantenerse a lo largo de una carrera especialmente adaptada para ellos. Durante la carrera los pilotos tendrán que maniobrar la silla hacia adelante y hacia atrás entre conos especialmente colocados como obstáculos de diferentes tamaños.

Nadie duda que llegará un momento en que los atletas paralímpicos que utilizan sistemas robóticos serán capaces de igualar, y luego superar a los atletas humanos sin problemas físicos. En ese momento nos preguntaremos sobre lo mucho que un atleta tiene de humano y lo mucho que un atleta es robot. Por ahora tenemos que esperar hasta el 8 de octubre de 2016, cuando el primer evento Cybathalon se lleve a cabo en Zúrich, Suiza.

En cualquier caso el desarrollo de estos equipos tecnológicos beneficiará a todos discapacitados, sean deportistas o simples ciudadanos, ya que desarrollará una nueva industria y abaratará estos materiales. Se trata de que todo ciudadano discapacitado pueda disponer de los medios tecnológicos necesarios para poder llevar una vida lo más digna posible.

LOS RETOS QUE NOS DEPARA EL ESPACIO

El espacio promete ser un lugar de grandes retos deportivos y aventuras, sus posibilidades son infinitas. Aunque aún falta una larga docena de años para que las naves transporten colonos a la Luna y Marte, ya se especula con los grandes retos deportivos y aventuras de exploración que se realizarán. Los habitantes de la Tierra, así como los colonos de la Luna y Marte, seguirán con interés desde sus cómodos sillones las retransmisiones de los récords deportivos, las exploraciones y las nuevas modalidades de competición. Las cámaras y microcámaras, los drones del futuro, garantizan un espectáculo en primera fila, con imágenes espectaculares, sonidos e incluso olores.

Las exploraciones se venderán a las grandes cadenas de televisión o aquellas nuevas cadenas que surgirán y se especializarán en eventos exclusivos. Una forma de financiar las aventuras, como promete «ONE Mars» realizando un «Gran Hermano» de los astronautas que se convertirán en los primeros colonos en ir a Marte.

Felix Baumgartner se convirtió en el primer hombre en superar la barrera del sonido sin apoyo de una máquina, realizando un increíble salto al vacío desde cerca de 40 km de altura.

El espectador está sediento de espectáculos como el salto desde la estratosfera, en 2012, de Felix Baumgartner, que empleó 4 minutos 19 segundos en hacer su descenso a 1357 Km por hora. Un salto que fue vendido a las cadenas de televisión y retransmitido en todos los lugares del mundo. O Alan Estace, segundo hombre en romper la barrera del sonido realizando en 4 minutos y medio el recorrido de 41.425 metros a 1.322 km/h. Se ha dicho de paso que el primero fue financiado por Red Bull y el segundo por Google, empresas que aprovecharon ampliamente la publicidad que les facilitó estos récords.

Otro gran espectáculo lo ofreció James Cameron, que había llegado con sus cámaras a explorar el trasatlántico *Titanic* a 4.000 metros de profundidad, y ahora brindaba a los espectadores de televisión, verle descender en un minisubmarino por la fosa de las Marianas, en el abismo Challenger, a 10.973 metros de profundidad, hazaña que le costó dos horas en alcanzar, pero que fue seguida con gran expectación por las cadenas de televisión y cientos de millones de espectadores. La financiación de esta costosa aventura corrió a cargo de Cameron y National Geographic. El cineasta Cameron ha sido siempre espectacular en sus filmaciones de reportajes, algunos tan conflictivos e interesantes como *La tumba perdida de Jesús,* donde utilizó modernas cámaras capaces de infiltrase por una cañería.

Las profundidades marinas serán un reto para el futuro, la búsqueda de pecios se multiplicará y los nuevos equipos permitirán explorar ciudades arqueológicas que desaparecieron bajo las aguas hace miles de años, aportándonos nuevos conocimientos sobre la historia de la humanidad. Habrá competiciones con veleros cada vez más veloces y cientos de artilugios para navegar a grandes velocidades sobre las olas marinas. Las motos marinas serán anticuados cacharros frente a lo que nos depara la tecnología moderna.

Figura de un león en una de las ciudades sumergidas más espectaculares del mundo en la China.

El espacio nos depara muchas novedades deportivas y espectáculos increíbles. La menor gravedad en la Luna y Marte brinda la posibilidad de crear nuevos deportes. En la Luna podemos realizar una partida de golf cuyos hoyos estén a kilómetros de distancia. O practicar el lanzamiento de jabalina a distancias increíbles.

Los aficionados a la espeleología disponen en la Luna y Marte de una infinidad de cuevas que pueden deparar sorpresas impensables. Los nuevos equipos de grabación permitirán seguir sus incursiones como si fuésemos uno más del equipo de exploración en el laberinto subterráneo.

Los alpinistas tienen nuevos desafíos para escalar. En Marte se enfrentan al monte más alto del sistema planetario: el Volcán Olimpo de 23 km de altura, una escalada que llevará a los alpinistas a asomarse a una inmensa boca, un cráter de 85 km de diámetro con una profundidad tenebrosa.

Marte ofrece increíbles recorridos, carreras de naves por sus interminables gargantas, como la de Hebes Charmoni de 315 kilómetros de longitud entre paredes de cinco kilómetros de altura. O el impresionante Valle Marineris con su interminable cañón de 4.500 kilómetros de longitud, 200 kilómetros de anchura y 11 kilómetros de profundidad, siete veces el Cañón del Colorado en la Tierra.

Imagen virtual del volcán Olimpo en Marte.

Pero este desarrollo de la aventura en Marte aún tardará 15 o 20 años en producirse. Lo que no cabe duda es que el espectáculo estará asegurado para aquellos que quieran, sin riesgos, disfrutarlo desde el sillón de casa.

CAPÍTULO 6

LAS SOCIEDADES QUE VIENEN

«Hay modelos de sociedades muy conflictivos e
incompatibles.»

YVES MICHAUD (FILÓSOFO AUTOR DE *EL NUEVO LUJO*)

«Ha aparecido el lujo como ostentación y diferencia social.»

YVES MICHAUD

«Todo el mundo sabe cómo viven los ricos de su propio país y
del resto del mundo, así que la demanda por más igualdad va
a ser mayor.»

JIM YONG KIM

«Los muros sólo sirven para reconfortar ilusoriamente a una
población que tiene miedo.»

DANIEL INNERARITY (CATEDRÁTICO DE FILOSOFÍA EN LA
UNIVERSIDAD DEL PAÍS VASCO)

Viejos cada vez más jóvenes

La medicina ha hecho de los viejos personas cada vez más jóvenes. Ya hemos casi dejado de ver aquellas ancianitas vestidas de negro que aparentaban 90 años cuando sólo tenían 60. Los ancianos y ancianas de hoy aparentan mucho menos años que los que tienen. Soy consciente de que esta realidad no está patente en toda la sociedad ni en todos los continentes. La pobreza, la enfermedad y el hambre deambulan por todos los lugares y en todos los países, es un mal endémico que arrastramos desde los orígenes de la civilización.

Tarde o temprano la edad media de jubilación se va a incrementar. Al margen de las razones económicas y el Fondo de Reserva de Pensiones, la vida activa es beneficiosa para los ancianos, siempre que se flexibilice su horario y su trabajo no sea agotador.

Vivimos en una sociedad en la que, gracias a la medicina y a la correcta alimentación, tenemos cada día más jubilados que aún están en condiciones de ofrecer su talento y experiencia a las empresas, o como mínimo transmitirlo a las nuevas generaciones. ¿Tenemos que jubilarlos y apartarlos de la sociedad laboral?

2017: Un tercio de los españoles tendrá más de 65 años

Parece que llegar a los 50 o 60 años es ya no servir para nada, independientemente de lo que sepas y de los conocimientos que tengas. En el 2017 un tercio de los españoles tendrán más de 65 años. Lo más destacado es que habrán llegado a esta edad con un gran estado de salud, con unas facultades mentales increíbles que no se podían disfrutar hace tan solo 25 años.

Hoy existen en España 8,4 millones de personas mayores de 65 años. La proporción de mayores de 60 años aumentará en 2020. ¿Podemos desaprovecharlos o debemos ofrecerles un «envejecimiento activo»? La esperanza de vida, en el 2049, sitúa a los hombres en 84,3 años y las mujeres en 89,9 años. En el 2049 los mayores de 64 años duplicarán su número representando el 31,9 de la población.

2049: Esperanza de vida en hombres, 84,3 años; en mujeres 89,9 años

¿Qué tenemos que hacer con esta población de jubilados tan activos? Indudablemente crear para ellos otras actividades que no sean los arrinconados centros de ocio. Deben participar en política y en la creación de una nueva sociedad. Deben de participar individualmente o colectivamente en la vida económica, social y cultural de su país. Muchos llegan a la edad de jubilación con grandes conocimientos, contactos internacionales y una valiosa experiencia profesional. Si esto sucede la Tercera Edad será una comunidad importante y valorada por los partidos políticos.

Sabemos que igual que una espada se oxida por falta de uso, el cerebro se oxida por falta de funcionamiento. Por esta razón se recomienda a los ancianos que hagan crucigramas, que lean libros complejos, que practiquen cálculos a mano, que jueguen al ajedrez... en definitiva, que realicen actividades que les hagan pensar, lo que equivale a regenerar las neuronas del cerebro. Y ahora debemos proponerles que sigan trabajando más allá de su jubilación.

¿Un futuro sin jubilación?

Cuando uno se jubila y se enfrenta a la inactividad cae en una depresión muy característica para los psicólogos. Es la sensación de que ya no sirves para nada, de que nada tienes que hacer ya en esta vida. Pero cuando sabes que vas a seguir activo de alguna forma y que seguirás participando en proyectos, te comportas de otra manera, tomas otras decisiones.

La realidad es que los jubilados, especialmente aquellos que han trabajado en actividades más intelectuales, culturales y científicas, se hunden cuando se encuentran jubilados. El consejo es no perder, si es posible, el contacto con su actividad laboral anterior, y sobre todo participar en nuevas actividades, en ONG, fundaciones, organizaciones culturales, educativas o sociales. Deben reunirse con otros jubilados que estén en las mismas condiciones que ellos y organizar tertulias, conferencias, visitas culturales, concursos literarios, etc.

Hoy los jubilados y los prejubilados aspiran a formar parte activa de la sociedad que les rodea. No quieren descansar en los bancos de los jardines públicos tomando el sol, ni acudir a arrinconados centros donde juegan al dominó o a las cartas o a un bingo colectivo que no activa para nada sus cerebros.

La nueva sociedad les ofrece la posibilidad de seguir trabajando, con horarios más adecuados, y sin realizar labores que les puedan representar agotamiento.

Sin duda precisarán cursos de reciclaje sobre las nuevas tecnologías, pero eso es algo que también los jóvenes van a precisar. El ritmo de descubrimientos y tecnologías emergentes obligará a reciclarse continuamente.

Los jubilados tienen el deber de permanecer activos y participar en nuevas actividades, en ONG's, fundaciones, organizaciones culturales, educativas o sociales.

Sucede que la mayoría de los jóvenes rechazan a los jubilados. Son esos pesados que cuentan «batallitas», pero no todos son así, los hay con gran talento y derroche de experiencia. Y también asistimos a una nueva generación de jóvenes que valoran trabajar con gente de otras generaciones, y lo consideran una experiencia irrepetible y única.

Modernas empresas actuales han lanzado iniciativas para volver a recuperar en sus oficinas a los jubilados, a través de un flexibilidad de horario, este hecho posibilita la transferencia de conocimientos entre los profesionales con mayor experiencia y los empleados que les van a sustituir.

¿Hasta cuándo durará la hucha de las pensiones?

Muchos jóvenes actuales están convencidos que cuando sean mayores el Estado no podrá pagar su jubilación. No van muy desencaminados, la realidad es que el tema de las pensiones está rodeado de un pesimista panorama.

2020—2028: Entre estos años el Fondo de Reserva para pagar las pensiones estará agotado

Centrándonos en España, se puede asegurar que los estudios no son muy optimistas. Según los análisis de tendencias, crecimiento, paro y envejecimiento de la población realizados por Towers Waston, el Fondo de Reserva para pagar las pensiones se habrá agotado entre 2020 y 2028. Este margen dependerá del mercado laboral, es decir, si el paro se estanca en el 15% en la próxima década, los fondos se acabarán en el 2024.

La Seguridad Social comenzó a recurrir al Fondo de Reserva para poder pagar las prestaciones a los pensionistas en el 2012, desde entonces ha empleado 33.951 millones.

¿Vamos a tener una sociedad jubilada sin ingresos para sobrevivir, viviendo de las limosnas y alimentándose en las Cocinas Económicas del Estado? ¿Cómo resolveremos este problema?

Para Tower Waston la solución está en permitir que el Fondo invierta en otros activos que no sean renta fija para aumentar la rentabilidad. Sépase que en la actualidad la práctica totalidad de recursos están colocados en deuda española, lo que ha permitido que la rentabilidad fuera alta, pero el pronóstico para el futuro es que el rendimiento de estos activos va a caer.

La Seguridad Social comenzó a recurrir al Fondo de Reserva para poder pagar las prestaciones a los pensionistas en 2012.

Se precisan nuevas ideas y soluciones, todos sabemos que el dinero está ahí, que hay gastos innecesarios, que existe una riqueza que puede garantizar a todos los ciudadanos una renta mínima, es decir, una sociedad que cobra sólo por el hecho de existir. Una realidad que no se ha planteado solo en España, sino en países como Suiza, Suecia, Dinamarca y Alemania.

Por el momento existen intereses que no quieren ni oír hablar de la renta mínima garantizada desde el momento en que nacemos. Prefieren penalizar las jubilaciones anticipadas, reduciendo la prestación, e incluso permitir percibir parte de la pensión si se realiza un trabajo a tiempo parcial.

Cinco modelos y escenarios del futuro

Vamos a realizar un recorrido por varios escenarios posibles del futuro, algunos utópicos, otros lejanas posibilidades, pero que están en la mente de los expertos de prospectiva como escenarios que pueden acontecer.

- ¿Puede existir un futuro en que la alimentación de los seres humanos sea solamente a base de píldoras? Podemos imaginarnos una sociedad que vea el hecho de alimentarse con seres vivos o comer cualquier forma de vida se vea como una salvajada de determinadas personas grotescas. Una sociedad en la que todas las especies estarán reconocidas como seres en evolución que luchan por la vida. Algunos verán incluso en las mismas condiciones a las plantas. La alimentación será sintética. Sólo las frutas estarán permitidas ya que son partes que ofrecen las plantas.
- Que todos llevemos chips no es una utopía del futuro, dentro de muy pocos años todos llevaremos chips inteligentes que no se podrán desconectar ya que estarán incorporados en nuestros cuerpos desde el mismo momento que

nacemos. Hoy estos chips los llevan el presidente y vice-presidente de Estados Unidos, así como los miembros de su familia, para su control y protección. Pero pronto será algo común en todos los ciudadanos. Habrá chips con nuestra identidad y chips que controlarán las constantes médicas de nuestro cuerpo.

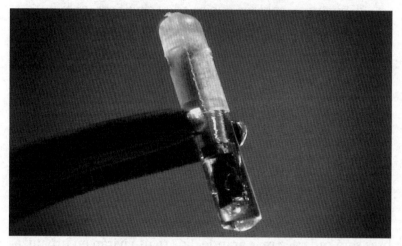

Dentro de unos años nos implantarán, desde que nacemos, microchips para nuestro control y protección.

2020: Las cámaras invadirán nuestra privacidad, Orwell 1984 será una realidad

Podemos asegurar que en los espacios públicos habrá una casi total pérdida de privacidad. Cámaras en las calles, en los edificios, drones y minidrones que se colarán por todos los lugares. La fantasía de Orwell 1984 será realidad en el 2020. Los gobiernos justificarán esta invasión de la privacidad en la necesidad de garantizar seguridad y luchar contra el terrorismo.

- Todas las transiciones comerciales y financieras se harán a través de los chips que llevaremos incorporados y serán públicas a través de internet. Todo el mundo tendrá acceso a nuestros ingresos y pagos. Política que se aplicará para dar seguridad a los ciudadanos, evitar las estafas y la criminalidad. Posiblemente sea una solución para evitar la corrupción en la política.

• Puede suceder que se impongan severas normas de salud a los ciudadanos y que los locales públicos de ocio no dispensarán bebidas que puedan significar un atentado contra la salud, un signo de suicidio o provocación de enfermedades. La venta de determinadas bebidas será considerada un delito. Pero también puede ocurrir lo contrario, que se legalicen todo tipos de drogas y su consumo no esté perseguido ni penalizado, y el derecho a la intimidad y la libertad de realizar con nuestros cuerpos lo que queramos sea lo normal.

OTROS ESCENARIOS HIPOTÉTICOS

Todo parece indicar que la diferencia entre los ricos y los pobres será cada vez más grande. Los ricos vivirán en urbanizaciones de costumbres afines que estarán blindadas, en realidad no hay que esperar muchos años para este hecho, ya existen a las afueras de muchas ciudades este tipo de urbanizaciones con su vigilancia electrónica y sus vigilantes jurados, urbanizaciones de banqueros, políticos y grandes empresarios. Son gente que ha comprado sus casas en urbanizaciones blindadas en las que sus habitantes tienen ciertas afinidades comunes: religiosas, culturales, deportivas, liberales, etc. Me explicaba un abogado que muchos que han querido comprar una casa en este tipo de urbanizaciones, han sido rechazados por la comunidad de propietarios, ya que antes de comprar hay que completar un cuestionario en el que se hacen preguntas que rayan la inconstitucionalidad, ya que abordan de forma sibilina las creencias religiosas, políticas y morales del futuro inquilino. Incluso los derechos de herencia de la propiedad son recogidos en estos cuestionarios. Son urbanizaciones que se asemejan a los castillos del medievo, donde existían unas normas establecidas por el rey y seguidas con respeto por sus vasallos.

En el futuro estas urbanizaciones o «bioesferas» para millonarios, serán autosuficientes en energía solar o eólica, abastecimiento de agua de pozos o de saladoras, comercios, espectáculos, etc. En realidad no hay que esperar mucho, tenemos ejemplos en Sudáfrica, Sudamérica y Estados Unidos.

En muchos países existen urbanizaciones privadas y blindadas en las que sólo pueden vivir los más poderosos.

En cuanto a los desplazamientos de un lugar a otro se realizarán principalmente por el aire o veloces trenes como explicaré en el próximo capítulo. Los vehículos por carreteras serán conducidos por robots, ya que posiblemente estará prohibido conducir o más bien será inaccesible a los humanos. Incluso cabe la posibilidad de que las carreteras ya no necesitarán conservación, ya que los vehículos se desplazarán a medio metro del suelo.

La gente puede llegar a ser educada con el convencimiento de lo mala que fue la alimentación del pasado, de cómo fueron tan irresponsables viajando por carreteras en las que había accidentes diarios. La gente puede llegar a pensar que las medidas restrictivas y obligatorias que toma el estado son para su seguridad, su protección, aunque eso implique una pérdida de libertad.

Puede existir un gobierno mundial en el que sexismo, racismo, imperialismo, antisemitismo, homofobia hayan desparecido. Pero también un mundo en que estos aspectos sean terriblemente perseguidos.

Las democracias pueden ser sustituidas por las democracias directas, tecnocracias o noocracias, temas que veremos ampliamente en el último capítulo de este libro.

Lo que no cabe duda es que nuestros valores cambiarán, nuestras creencias también. Los símbolos (banderas, escudos, estatuas) dejarán de tener importancia y se verán como piezas de museo. La patria, la nación y el honor carecerán de realidad.

Habrá un mayor pluralismo, puede que surja una gran diversidad de sectas y religiones. ¿No han cambiado muchos de estos valores desde el siglo xx hasta ahora? El sentido de la patria ya no es lo mismo que antes, ninguna familia está dispuesta a sacrificar a sus hijos en nuevas guerras que defienden oscuros intereses. La vida ha cambiado profundamente desde que aparecieron los anticonceptivos y el aborto fue permitido en muchos países, y no es cuestión de moralidad ni de creencias religiosas, es un nuevo sentido de la libertad.

Los cambios serán imparables, las moratorias no sirven porque no todos los países las respetarán, hay que enfrentarse con la realidad de estos cambios y preverlos para tomar las precauciones necesarias con el fin de que no signifiquen llevarnos a un exterminio o a dictaduras, como podría darse el caso en una IA que nos dominase. Hay que prepararse para lo que vendrá. Se va a precisar un debate continuo, ya que los descubrimientos serán continuos, para prever los cambios.

La vida será diferente y la relación con nuestras familias también, incluso con nuestros hijos. No esperemos ir a sociedades iguales para todos, la pluralidad de ideas e intereses terminará en crear esos lugares en los que la población comparte afinidades, creencias o moralidad. Será necesario un gran respeto de los unos por los otros.

La presencia de robots cambiará el futuro de la humanidad. Los expertos dicen que muchas actividades cotidianas serán realizadas con ayuda de robots, lo que mejorará la calidad de vida de muchas personas.

Mucho tendría que cambiar la moralidad para que los más poderosos renuncien a sus zonas blindadas. En el futuro habrá más generosidad, pero pienso lamentablemente, que también más diferencias, no soy optimista en este aspecto. Veo para unos un mundo más o menos como el de hoy, con su sanidad gratuita en todos los aspectos y también la alimentación y educación. El trabajo lo harán los robots. Pero habrá esos mundos blindados, tipo la película *Zardoz*, no accesibles al ciudadano normal, salvo algunas posibilidades que serán reglamentadas por los estados.

Boeing está trabajando, y digamos que la investigación está muy avanzada o terminada, en el «campo de fuerza», un sistema que protege de ondas de choque explosivas, disparos y misiles a vehículos, aviones y edificios.

Se trata de un escudo de plasma más denso que el aire circundante, unos sensores detectan la explosión, misil o disparo y protegen el lugar envolviéndolo e interceptando la onda de choque explosiva o reduciendo la densidad de energía. El sistema está constituido por láseres convergentes o haces de microondas para generar una energía esférica de plasma. En un lugar concreto se podría generar una semiesfera que impidiese el acceso a las personas, vehículos y misiles. El mundo de *Zardoz.*

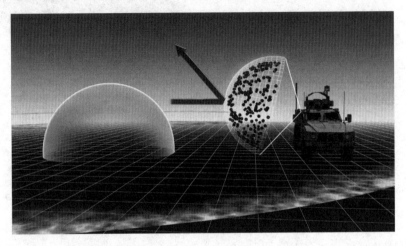

Boeing está trabajando en un escudo de plasma más denso que el aire circundante que protegen las naves interceptando la onda de choque explosiva o reduciendo la densidad de energía.

La generación Z y el sentido de la vida

Ubicados en el presente tenemos la generación que gobernará el mundo en el futuro. Efectuar un perfil de estos jóvenes nos ayuda a tener una idea de qué valores se impondrán.

Se les ha denominado juventud Z, por venir detrás de las generaciones denominadas X e Y, esta última también bautizada con el nombre de millennials. La juventud Z tiene entre 16 y 25 años y representan el 25% de la población, unos 80 millones en Estados Unidos y unos 8 millones en España.

Los miembros de la juventud Z han nacido en la recesión, en un mundo marcado por el paro laboral, una crisis inesperada, la corrupción política, el terrorismo y el cambio climático. Tal vez esta situación les lleva a admitir a un 77%, que su mayor preocupación es endeudarse, una situación que algunos han vivido en sus familia.

La generación Z es ante todo altruista, dispuesta a ayudar a los demás, especialmente a quién lo necesita. Los hemos visto en las ONG, limpiando el petróleo de las costas gallegas, colaborando con los bomberos, apoyando la defensa de la naturaleza y protestando por el cambio climático. También los hemos visto manifestándose para defender los derechos de muchas personas que perdían su hogar. Para ellos, no ser egoísta y ser solidarios es muy importante, y esta es una postura que comporta el 95% de ellos.

Es una juventud que está muy desilusionada por la política tradicional, y sólo uno de cada diez se fía de sus gobiernos, razón por la que apoyan a partidos políticos innovadores, con unos valores diferentes a los partidos políticos actuales.

En cuestiones laborales son firmes, quieren trabajar en algo que les guste, aunque sea percibiendo menos dinero, y este trabajo tiene que dejarles tiempo libre, un valor que está en alza. Es importante para ellos que el trabajo que hacen tenga algún sentido. Hoy saben los empresarios que la gente trabaja me-

Las revelaciones sobre el espionaje de la Agencia Nacional de Seguridad de EE.UU., hechas por el exempleado de la CIA Edward Snowden, fueron un tremendo impacto para la comunidad internacional.

jor y son más competentes cuando están realizando una tarea que les gusta.

La generación Z exige la igualdad entre sexos y razas. Quieren fundar sus propias empresas y, apoyados en sus comunidades locales, quieren cambiar el mundo y especialmente el sistema.

Están de acuerdo en planteamientos prácticos y concretos; son cautelosos y realistas, a la vez que tienen escepticismo hacia las grandes empresas. El futuro no les asusta, sólo un 6% de ellos tiene miedo a ese futuro. Mientras los héroes de las otras generaciones fueron banqueros como Mario Conde, o las Koplovich, artistas de cine como James Bond, o conjuntos musicales, ahora admiran a personajes como Edward Snowden, gente que se juega su profesión denunciando la verdad, o personajes como Bill Gates, Mark Zuckerberg o Larry Page que donan millones de forma altruista para investigar.

OLIGARCAS, ARMAS Y POBREZA

John W. Whitehead es un abogado y autor del libro *Battlefield America*, experto en derechos humanos que creó en 1982 el Instituto Rutherford, en Charkittesville, una organización sin fines de lucro que defiende y analiza las libertades civiles y los derechos humanos.

Su libro recoge una serie de denuncias que se convierten en advertencias sobre el poder que nos puede gobernar el día de mañana. Del despilfarro en material bélico y de la pobreza en Estados Unidos.

Denuncia en su libro a la elite, el gobierno en la sombra, la policía estado, el estado de vigilancia, el complejo militar—industria.

Whitehead destaca que por primera vez en la historia, el Congreso de Estados Unidos está dominado por una mayoría de millonarios que son catorce veces más ricos que el estadounidense promedio. Una oligarquía que representa los intereses de negocios que tienen impactos sustanciales en la política del gobierno de Estados Unidos.

Entre sus denuncias advierte que la policía de Estados Unidos es un auténtico ejército, explica Whitehead, ya que dispone de helicópteros Blackhawk, ametralladoras, lanzagranadas, explosivos, aerosoles químicos, chalecos antibalas, visores nocturnos, vehículos blindados y tanques. Es una policía no para ayudar y proteger al ciudadano, sino para defender el sistema establecido.

La policía de Estados Unidos dispone de helicópteros militares Blackhawk para sus operaciones.

Cuarenta y seis millones de estadounidenses viven por debajo del umbral de la pobreza, 16 millones de niños viven en hogares sin los alimentos adecuados, y 1,7 millones de esos niños tienen a uno de sus padres en la cárcel. Existen 900.000 veteranos de guerras que dependen de cupones de alimentos, muchos de ellos con lesiones que no les permiten llevar una vida normal, otros con el estrés postraumático característico de los que han estado combatiendo en primera línea. Mientras, desde el 2001 los estadounidenses han gastado 10,5 millones de dólares cada hora en ocupaciones de países por el ejército y guerras. A esta cifra hay que añadir 2.200.000 de dólares cada hora en el mantenimiento de los arsenales nucleares y 35.000 dólares cada hora en producir y mantener los misiles Tomahawk. Apoyar los arsenales de otros países «amigos» representa 1.61 millones de dólares cada hora.

Cuarenta y seis millones de estadounidenses viven por debajo del umbral de la pobreza mientras que desde el 2001 han gastado 10,5 millones de dólares por hora en el ejército y las guerras.

2020: 30.000 drones volarán por el espacio aéreo estadounidense

Estados Unidos ha desarrollado una industria de 82 mil millones de dólares para la construcción de drones. En 2020 habrá 30.000 aviones no tripulados ocupando el espacio aéreo estadounidense.

A pesar de estos hechos una encuesta de Gallup afirma que los estadounidenses ponen más fe en las fuerzas armadas y en la policía que en cualquiera de los tres poderes del Estado, aunque ocho de cada diez estadounidenses creen que la corrupción gubernamental es generalizada. Destaca Whitehead que el hecho más preocupantes es que «hemos entregado el control de nuestro gobierno y nuestras vidas a burócratas anónimos que nos ven como poco más que ganado para ser criados, marcados, masacrados».

Los drones suelen ser preferidos en misiones que son demasiado «aburridas, sucias o peligrosas» para los aviones tripulados.

CAPÍTULO 7

ENERGÍA, TRANSPORTE Y DERECHO ESPACIAL

«La investigación va a tal velocidad que nos cuesta prever todos los adelantos de que dispondremos en cien años más.»

PEDRO DUQUE

«La vida en la Tierra está cada vez más amenazada por peligros y desastres como el calentamiento global, las armas nucleares, los virus modificados genéticamente. Creo que el único futuro del ser humano pasa por viajar al espacio.»

STEPHEN HAWKING

FRANCIA, UN EJEMPLO A SEGUIR

La Asamblea Nacional Francesa, en su Ley de Transición Energética del 2015, se convierte en un ejemplo a seguir en lo que respecta al futuro energético. El país galo ha tomado decisiones energéticas con una gran visión de futuro.

Tal vez la decisión más contundente, en uno de los países que más centrales nucleares tiene en Europa, ha sido la congelación nuclear. Una decisión que enfrenta a la Asamblea Nacional con la industria nuclear y energética, pero también demuestra que es consciente del gran peligro que significan las centrales nucleares ante accidentes fortuitos o ante el terrorismo.

La industria nuclear, que prometía una energía más barata y limpia, representa cada vez un coste mayor de mantenimiento, gastos astronómicos en seguridad ante el peligro terrorista, y gastos inesperados en desmantelamiento y vigilancia. Por otra parte están los cientos de años que hay que mantener la protección del lugar de su ubicación tras ser desmanteladas.

2030: Francia generará el 32% de su energía de las renovables

Para congelar la producción nuclear se precisa reducir el gasto de energía, y esto se convierte en una contradicción debido al continuo aumento de energía debido a la tecnificación, sin embargo, Francia se propone reducir un 40% de energía de aquí al año 2030. Para ello se dispone a que las renovables generen un 32% de energía a fínales de 2030. El objetivo final es dividir por dos el consumo energético en 2050. Estas reducciones de energía se pretenden alcanzar renovando medio millón de edificios cada año de forma que su consumo sea menor. Los vehículos también se ven afectados por esta ley, especialmente los taxis de los que tendrá que haber un 10% de ellos limpios, es decir eléctricos, en 2020. Para ello se instalarán siete millones de puntos de carga.

En busca del Grial energético

Muchos países apuestan por las energías renovables y surge una renuncia creciente hacia los combustibles fósiles. La opción más popular es la energía renovable solar, es decir capturar la luz del Sol y convertirla en electricidad. Las investigaciones actuales apuestan por las células solares de silicio negro. En la actualidad las que dominan el mercado son las células de silicio cristalino. También existen las células solares de película delgada compuesta de cadmio, que absorben la luz solar mejor que el silicio. Sin embargo las nuevas células de silicio negro parecen ser las más eficaces.

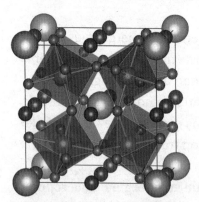

La perovskita se conoce desde hace más de un siglo, pero nadie había pensado en probarla en células solares hasta hace relativamente poco tiempo.

Durante décadas el silicio ha dominado el mercado de paneles solares, pero ahora se enfrenta las perovskitas que pueden sintetizarse a bajas temperaturas y esto significa costes menores. Las perovskitas son películas flexibles y coloreadas y se presentan en un abanico más amplio de aplicaciones que el silicio que es rígido y opaco.

Sin embargo, los científicos buscan crear energía limpia y a gran escala, es decir, sustituir las peligrosas centrales nucleares de fisión por modernas técnicas de fusión, capaces de reproducir el procedimiento del Sol y las estrellas para crear una energía limpia.

2018: El ITER, un Sol en la Tierra

El Reactor Internacional de Fusión (ITER) es uno de esos proyectos destinados a producir energía a través de la fusión. Se encuentra ubicado en Cadarache, en la Provenza francesa, ocupa 19 hectáreas y su coste ascenderá a 15.000 millones de euros, cinco mil euros más de lo presupuestado. En realidad, desde que se inició el proyecto el presupuesto se ha triplicado.

Está diseñado para calentar hidrógeno gaseoso hasta 100 millones de grados centígrados. Se basa en que la reacción de la fusión crea plasma que se aislará en las paredes del re-

El Reactor Internacional de Fusión se encuentra ubicado en Cadarache, en la Provenza francesa.

actor por un campo magnético. El plasma radiará rayos X, partículas cargadas de neutrones de alta energía que generarán varios megavatios que calentarán las paredes de 440 bloques de acero de medio metro de espesor. Las tuberías de las paredes, llenas de agua a alta presión, neutralizarán el calor, y, finalmente, el calor producido se convertirá en vapor que moverán turbinas y retroalimentará al plasma.

Se trata de crear un pequeño Sol en la Tierra. Sin embargo, los costes y problemas de seguridad han retrasado mucho este proyecto y no se sabe a ciencia cierta si estará terminado para 2018.

Otro proyecto de fusión es el CFR (reactor de fusión nuclear compacto) de la Lockheed Martin y la Skunk Works, también en forma de toro. Este proyecto se vale, a grandes rasgos, de dos espejos magnéticos que calientan a 100 millones de grados un gas convirtiéndolo en plasma. Los núcleos de deuterio y tritio se fusionan suministrando energía.

El proyecto de Lockheed Martin consiste en dos espejos magnéticos que convierten un gas en plasma.

También hay que citar el NIF (National Ignition Facility) que lo construyen los laboratorios Nacionales de Lawrence Livermore (EE.UU.). Está basado en potentes lásers que pulverizan un pequeño contenedor de oro que contiene deuterio y tritio. Todo se comprime a 100 millones de bars y hace que se fusione el deuterio y el tritio.

Finalmente el LENR (Low Energy Nuclear Reaction), una idea de Andrea Rossi de la Universidad de Bolonia y la de Universidad de Uppsala (Suecia). Dentro del reactor se produce una mezcla de hidruro de aluminio, litio, níquel y un catalizador. Se calienta por impulsión electromagnética y los átomos de litio e hidrógeno se fusionan.

La búsqueda de la fusión es el Santo Grial de la física nuclear y, también, una salida a la proliferación de las centrales nucleares de fisión, que han producido terribles accidentes como el de Chernóbil, con una explosión ciento de veces más radiactiva que la de Hiroshima y Nagasaki, y el de Japón con la terrible catástrofe de Fukushima.

POR TIERRA A LA VELOCIDAD DE UN AVIÓN

La gente quiere viajar rápido, muy rápido. Una vez escogido el destino ya están ansiosos por estar ahí. En realidad les gustaría viajar como lo hace la tripulación del Enterprise en la serie de ciencia-ficción *Star Trek*; es decir, entrar en una cabina y teletransportarse a cientos o miles de kilómetros apareciendo en otra cabina del lugar escogido. Pero eso, si es posible, no se conseguirá hasta dentro de 300 años. Mientras tanto los ingenieros de transporte ofrecen una alternativa futurista pero real: introducirse en una cápsula que viaja por un tubo neumático a 1.220 km/h, de los Ángeles a San Francisco.

Pero vayamos por partes, hoy por hoy el tren más rápido del mundo es Maglev de Japón que transporta los viajeros a 603 km/h y ha llegado a alcanzar los 660 km/h. El Maglev se desplaza por unas guías en forma de «U» por las que circula una corriente eléctrica cuyas cargas van cambiando y por atracción y repulsión hacen avanzar al tren. Este lleva en sus costados imanes superconductores, enfriados hasta —269ºC. Todo ello genera que el tren levite y se eleve sin tocar el suelo, por lo que sólo frena con el rozamiento del aire.

Esta maravilla de tecnología va a ser superada por el tren Hyperloop, creado por Elon Musk, propietario de Tesla y SpaceX, en el consorcio Hyperloop Transport Technologies Inc. El Hyperloop viajará a 1.220 km/h. Su sistema recuerda mucho al correo neumático de París, lanzado dentro de tubos que recorren toda la gran urbe.

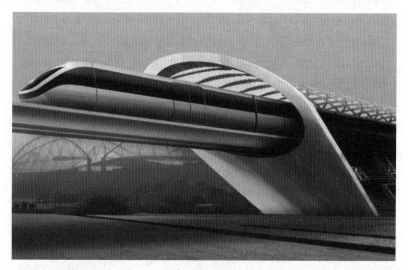

En 2016 comenzará la construcción del primer Hyperloop, el sistema de transporte de cápsulas que quiere acabar con el tren convencional.

2019: El Hyperloop unirá Los Ángeles y San Francisco a 1.220 km/h.

El Hyperloop que empezará a funcionar en 2016 en una pista de pruebas de 8 km en California, está compuesto por unos vagones en forma de cápsulas aerodinámicas que circulan sobre unos raíles dentro de tubos de presión que limitarán las posibles fricciones. Las cápsulas circulan sobre un colchón de aire. Estas cápsulas, con capacidad para 28 pasajeros, podrán alcanzar los 1.220 km/h gracias a un campo magnético producido por dos motores de inducción, que proporcionarán la levitación de la cápsula. Se pretende realizar el primer trayecto entre Los Ángeles y San Francisco, separados por 600 km, en 2019. El Hyperloop cubrirá esta distancia en 30 minutos, la mitad de tiempo que emplea un avión en la actualidad, y a un coste 30 veces menor que el coste del proyecto estatal del Tren de Alta Velocidad de California. Hyperloop desplazará a las Compañías Aéreas y el avión sólo se empleará para largos recorridos.

El proyecto Hyperloop transformará toda una zona de California, los socios de Elon Musk aspiran a algo más que el tren de alta velocidad, aspiran a transformar Quay Valley, lugar donde se ensayan los ocho primeros kilómetros del Hyperloop, en un lugar de turismo, entretenimiento y compras, un destino como Miami o Las vegas. El proyecto de transformación de Quay Valley aspira a ser el primer lugar del mundo donde se recicle el agua de una manera innovadora y donde todo el abastecimiento de energía sea a través de energía solar. Una nueva ciudad se empezará a construir a partir del 2016, un complejo de 20.000 habitaciones y 25.000 casas para recibir a diez millones de visitantes en los próximos años. Un complejo que se espera esté abierto al público en 2019.

Elon Musk y la nueva compañía, Jump Start Fund, creadora del Hyperloop tiene sus ojos puestos en otros continentes, como es África, un lugar sin infraestructuras, con capacidad para captar la energía solar. Un lugar que, de la misma manera que se adaptó al móvil sin haber pasado por las líneas de teléfono cableadas, se adaptará al Hyperloop sin pasar por los ferrocarriles de raíles.

Los trenes más rápidos del mundo hoy son:
- Tren Maglev (Japón) que viaja a 603 km/h.
- IGV Est. (Francia) que viaja a 574 km/h.
- HSP Pekín—Shanghai (China) que viaja a 487 km/h.
- Tokaido Shinkansen (Japón) que viaja a 443 km/h.
- Ave (España) que viaja a 403 km/h.
- Futuro Hyperloop viajará en 2019 a 1.200 km/h.

COCHES ELÉCTRICOS SIN CHOFER

El coche seguirá ocupando un papel importante en el transporte, pero sólo se utilizará en las distancias cortas, ya que los trenes y aviones ofrecerán mayor velocidad y comodidad.

Para competir con el tren y los aviones, los vehículos deberán ofrecer comodidad, costes de transporte mínimo, autonomía del usuario y habitáculos con todo tipo de distracción.

El futuro se perfila con el coche eléctrico y con un servicio autotripulado e inteligente. Una conducción automática capaz de detectar y reaccionar ante cualquier obstáculo.

La carga de energía se realizará en 20 minutos y permitirá más de 200 kilómetros de autonomía. El coste de esta carga no llegará a los 22 euros, la mitad de lo que cuesta la gasolina.

Surgirán otras modalidades como la de compartir rutas entre ciudadanos con horarios parecidos. BMW ya ha creado una aplicación que indica rutas y transportes públicos.

Los coches híbridos —combinan un motor de gasolina y un motor eléctrico— ofrecen una serie de ventajas en casi todos los aspectos, entre ellas, disponen de componentes eléctricos que ahorran energía; motores con menor consumo de gasolina y potencia compensada por el motor eléctrico; motor diseñado para apagarse en las paradas, y capacidad de captación de energía desperdiciada.

Los futuristas como Brad Templeto, consejero de Google y profesor de la Singularity University, preconiza un futuro sin taxistas, ciudades donde se pactarán los servicios de transporte, un parque de vehículos reducido. Cuando le reprochan que esa modalidad hará perder muchos puestos de trabajo hoy ocupados por millones de taxistas, Brad Templeton contesta: «No conozco a ningún niño que de mayor quiera ser taxista. No es una profesión para prepararse diez años». En esto Templeton tiene razón, yo tampoco conozco ningún niño que de mayor quiera ser taxista, puede que quieran ser bomberos, policías, pero taxistas no.

Parece ciencia-ficción pero es ya una realidad: Google lleva más de un año haciendo pruebas reales con vehículos sin conductor.

La conducción automática originó, inicialmente, un debate tecnológico: ¿Se debía equipar el coche para que funcione sin conductor o hacer que las carreteras sean inteligentes y dotarlas de sensores? Esta última alternativa era muy cara y obligaba a dotar todas las autopistas, carreteras y caminos, de lo contrario el vehículo se quedaba «colgado» allí donde se terminaba el servicio de sensores. La alternativa, inicialmente más costosa de desarrollar, era crear los coches inteligentes.

El coche inteligente puede circular por todos los lugares, si hubieran tenido que depender de la adaptación de una carretera se hubieran enfrentado a que sólo podía circular por lugares preparados y corrían el riesgo de encontrarse colgado en una carretera cuando esta careciese de sensores. El coche inteligente puede circular por todos los lugares, sean autopistas, carreteras o caminos.

Freightliner Inspiration es el primer camión autónomo con licencia para circular con un piloto automático.

Así que los constructores del coche inteligente han optado por la tendencia de que sea el vehículo el que esté adaptado para poder circular por todos los lugares. Y como ejemplo tenemos el ensayo con un camión que recorrió, en 2015, las carreteras de Nevada con conducción automática. El vehículo en cuestión se llama Freightliner Inspiration. Es el primer camión con piloto automático.

El coche inteligente es más que un vehículo capaz de guiarse por sí mismo. Estará dotado de ordenadores que serán capaces de enviarse información a otros vehículos próximos, incluso de advertir a peatones, dotados con pulseras electrónicas adecuadas, de su presencia. El coche inteligente está preparado para evitar accidentes y atropellos. La seguridad es una de sus primeras premisas.

Por aire a la velocidad de un cohete

Virgin Galatic, empresa de Richard Branson, promete que en un futuro no muy lejano sus naves, White Knight Two y Spaces Ship Two, orbitarán la Tierra y permitirán viajar de Londres a Sídney en dos horas y media. Para Branson ese será el futuro de la aviación comercial. Lamentablemente Virgin Galactic no puede precisar fechas.

Las naves de Virgin Galactic permitirán viajar de Londres a Sídney en dos horas y media, según ha anunciado su propietario Richard Branson.

2030: Se moverán 76 millones de aviones a lo largo de cada año

Uno de los problemas de la aviación en el futuro será el tráfico aéreo. El tráfico aéreo se incrementa un 5% cada año, en la actualidad se mueven unos 38 millones de aviones a lo largo de todo un año, y este número de vuelos se doblará de aquí al 2030. La demanda de pilotos, pese al automatismo y el vuelo guiado por ordenadores, será cada vez mayor, especialmente en Asia donde se precisarán unos 500.000 pilotos.

Aunque la automatización será total, no todo es previsible por los ordenadores. La circunstancias meteorológicas, una erupción solar que afecta a la radio VHF y los GPS, un fallo en los motores, una circunstancia imprevista, presencia de drones u objetos volantes no identificados, obligará siempre a la necesidad de un piloto que tendrá que reconciliar la actuación de las máquinas inteligentes con el hombre. A pesar de esa necesidad humana, parece ineludible que, tarde o temprano, el transporte aéreo será todo automatizado.

La empresa Reaction Engines está diseñando el avión supersónico Lapcat A2, con capacidad para 300 pasajeros.

Lo que quiere un viajero de avión es garantías de seguridad, garantía de un control del espacio aéreo. En pocas palabras quiere viajar seguro de que no se producirá un accidente que, casi siempre, es mortal para el pasaje. Difícilmente se puede garantizar este factor, consecuencia del azar, porque siempre puede fallar lo imprevisto.

2019: Los aviones viajarán a Mach 5, Bruselas—Sídney en menos de tres horas

En la actualidad viajamos a 10 km de altura a una velocidad de crucero de unos 900 km/h. Para 2019 la British Motors tiene previsto un avión, con una capacidad de 300 personas, que nos llevará por el espacio exterior a Mach 5, es decir, el Lapcat A2, nos llevará de Bruselas a Sídney en dos o tres horas. El Lapcat A2 está compuesto por un motor denominado SABRE, como aquellos legendarios aviones a reacción de la postguerra, que incorpora unos tubos delgados que se llenan de helio condensado, y absorben el calor del aire, enfriándolo a -150º Celsius antes de que entre en el motor.

2024: Viajes aéreos en órbitas bajas terrestres y espectáculos fascinantes

Los expertos apuntan con seguridad que en 2024 los viajes se harán en órbitas bajas terrestres y los viajeros podrán disfrutar de impresionantes panorámicas de la curvatura de la Tierra. Los viajes orbitales serán algo impresionante donde los viajeros saborearán un espectáculo fascinante.

EL MAR, UN NUEVO CONTINENTE A POBLAR

El mar es el nuevo continente a invadir y poblar. Docenas de proyectos prevén ciudades flotantes y medio submarinas, ancladas fuera de las aguas territoriales de los países con las ventajas de librarse de impuestos y de legislaciones incómodas. Serán los nuevos «paraísos fiscales», con sus leyes y sus gobiernos independientes.

Uno de esos proyectos es Seasteading, ciudades residenciales creadas sobre plataformas flotantes, pequeñas islas flotantes donde sus ciudadanos tengan todos los servicios necesarios, desde hospitales hasta restaurantes, hipermercados, casinos, etc.

Seasteading piensa estar instalada fuera de las 200 millas náuticas (370 km) del país más cercano, beneficiándose de la Convención de las Naciones Unidas sobre el Derecho del Mar, permitiéndole no estar sujeto a las leyes de las naciones próximas.

Seasteading Institute fue creado en 2008 por Wayne Gramlich y Patri Friedman, uno de los fundadores de PayPal, Peter Thiel, invirtió 500.000$ en este proyecto.

Ya no se trata de ganarle terreno al mar, sino de crear islas flotantes donde viva gente permanentemente. Una de estas grandes ideas se llama Biosphera 2. Se trata de una ciudad flo-

Biosphera 2 es el proyecto de construir una ciudad a modo de isla flotante.

tante sostenible, que podría albergar a turistas y científicos interesados en el océano.

Biosphera 2 es una idea creada por el británico Phil Pauley, que concibe esta ciudad contenida en una gran esfera, que le permitiría sumergirse completamente si se desata algún tipo de tormenta.

Por otro lado, el Instituto del Mar de EE. UU. quiere crear varias villas flotantes. Se trataría de ciudades autónomas sometidas a una especie de experimento social con diferentes tipos de gobiernos.

En Japón Shimizu, oficina de arquitectura, quiere crear una «ciudad botánica», con el fin de reencontrarse con la naturaleza en un ambiente totalmente nuevo, capaz de generar pensamientos filosóficos. Esta ciudad flotaría en el Pacífico ecuatorial, lejos de los tifones y tendría una capacidad para 300.000 personas que vivirían a 700 metros de profundidad sobre el nivel del mar.

La idea es vivir de forma segura en el agua y en ambientes controlados sin depender de las grandes y tumultuosas ciudades. Esto sería una salida para seguir creciendo y solucionar los problemas de las ciudades que carecen de suelo y solo aspiran a un crecimiento vertical. Claro que en el caso de las ciudades en el mar no es ganarle terreno al mar, sino trasladarse a vivir en el mar o bajo el mar.

Las nuevas tecnologías podrían crear cultivos en esas plataformas flotantes, incluso granjas con animales y pesca asegurada. Asimismo, la energía se podría generarse a través de paneles solares o el mismo movimiento del oleaje. En cuanto al agua, tendrían sus desaladoras. En realidad podrían llegar a ser plataformas autosostenibles que sólo enviarían barcos a puertos para intercambiar productos necesarios o permitir subir a turistas algunos días.

Las ciudades flotantes modernas existen desde hace tiempo con los transatlánticos. No tienen todas las complejidades de una ciudad, pero emulan varias cosas. Son lugares de ocio, juego, turismo, descanso y cultura. Una ciudad flotante sería como varios transatlánticos moviéndose juntos.

2030: Se iniciará la construcción de ciudades submarinas para la explotación minera de las profundidades del mar.

En cuanto a las ciudades submarinas con vista a los fondos marinos y su fauna, la empresa Shimizu Corporation imagina burbujas inmobiliarias. Ciudades submarinas capaces de albergar 5.000 personas en esferas de 500 metros de diámetro ampliables. Con partes centrales de 200.000 metros cuadrados y varios pisos de estructura. Los habitáculos permitirían dormir en suntuosas habitaciones cuyas vistas darían a la profundidad marina y a un espectáculo de tiburones, pulpos gigantes, bancos de peces y extrañas criaturas de los fondos marinos que vendrían atraídas por la luz.

Deep Sea City es el proyecto de una ciudad submarina autosuficiente.

Los proyectos de ciudades marinas no son sólo lugares de ocio, se ha pensado en lugares para albergar trabajadores que manejen robots o se sumerjan con sofisticados equipos en busca minerales que abundan en las profundidades marinas. La extracción de minerales de los fondos marinos forma parte de la minería del futuro. Los fondos marinos nos ofrecen el 75% de terreno del planeta. Tampoco debemos olvidar el control de nuevas y sofisticadas piscifactorías con especies que se habrán agotado en sus bancos naturales. En cualquier caso hablamos de proyectos que no podrán ser factibles hasta el 2030.

LA MINERÍA ESPACIAL

¿Por qué existe tanto interés en desarrollar la minería espacial? ¿Por qué tanto interés en traer un asteroide cerca de la Tierra y explotar sus minerales? ¿Por qué empresas privadas están volcando sus esfuerzos en estudiar formas de captura y control de los asteroides?

Al margen de un mayor sistema de vigilancia de estos cuerpos cuyo impacto con la Tierra podrían originar consecuencias apocalípticas, estan los intereses crematísticos de su explotación minera.

Un asteroide de 500 metros de diámetro rico en platino, por ejemplo, contiene 170 veces más platino que el extraído en la Tierra durante un año, y un 50% más que las reservas existentes en la Tierra de este mineral. Si consideramos que el kilogramo de platino vale 42.300€, el valor del citado asteroide sería de 2,3 billones de €, suficiente dinero para convertir a la empresa extractora en la más rica industria del planeta.

Y hemos hablado de platino, pero podría ser oro o grafeno o cualquier metal raro imprescindible para las industrias de las nuevas tecnologías emergentes.

En la actualidad se han descubierto más de 9.000 asteroides de los que 1.500 son más fáciles de alcanzar que la Luna. Muchos de ellos de pequeños tamaños pero capaces de producir una catástrofe importante si colisionasen con nuestro planeta. El objeto que cayó cerca de la ciudad de Cheliabinsk, el 15 de febrero de 2013, tenía un diámetro de 20 metros y su estallido, afortunadamente a 29 km de altura, fue equivalente a 600 kilotones de TNT. El asteroide que cayó en Tunguska (Siberia), el 30 de junio de 1908, tenía un diámetro de entre 40 y 80 metros, y su explosión fue equivalente a 30 megatones. El cráter Barringer, en Arizona, fue creado por un asteroide de 50 metros de diámetro hace 50.000 años.

Cuerpos como estos impactan, según el control del Tratado para el Control de Explosiones Nucleares, dos o tres al año de media. Sucede que el 75% cae en el mar y una buena parte de ellos en desiertos, selvas, tundras y bosques, siendo muy remota, pero no imposible según la fórmula de la Escala de Palermo, la posibilidad de un impacto en una ciudad.

Países como Japón, Irán o Brasil están desarrollando sus programas espaciales para tratar de competir en ese futuro mercado.

Comparativamente estos impactos son insignificantes al lado del asteroide de 10 Km de diámetro que cayó en Chicxulub, Yucatán, hace 63 millones de años y produjo la gran extinción del Cretácico.

La Luna se ha convertido en un objetivo de todos los países que poseen capacidad para enviar cohetes con astronautas. Se sabe que en la Luna existe helio-3, lo que permitirá hacer centrales nucleares sin apenas residuos radiactivos. Ya con energía limpia la instalación de colonias lunares será cuestión de poco tiempo. Las grandes cadenas de televisión querrán estar allí junto a los exploradores de rincones insólitos y cuevas misteriosas. Los astrosreporteros nos brindarán la exploración de este nuevo «continente» y las aventuras, en directo, de los protagonistas, una especie de Gran Hermano grabado en el mundo de Selene.

2020: China lanzará la estación espacial Tiangong

Todo parece indicar que la conquista del espacio dependerá, como la mayoría de avances, del dinero invertido. En este caso la carrera está en manos de EE.UU. Por ahora el presupuesto de anual de la NASA es de 14.000 millones de dólares, frente a Rusia con 8.800 millones y la Agencia Europea del Espacio (ESA), con 4.300. China y la India aspiran al cuarto puesto, sus presupuestos son secretos, pero todo parece indicar que el de China se aproxima mucho al de la ESA, ya que este país asiático tiene previsto poner en órbita su estación espacial, la Tiangong, en 2020.

Japón, Irán, Brasil están desarrollando sus programas espaciales para tratar de competir en ese futuro mercado minero. Cabe destacar que en el citado presupuesto de la NASA, no están reflejados los de las empresas privadas americanas, firmas como SpaceX, con el Falcon 9, y Virgin Galactic con Space Ship Two.

En España se puede citar a José Longo con Análisis Aerodinámico y Propulsión, que el 12 de febrero de 2015, subió hasta 412 kilómetros de altura, a una velocidad de 7,15 Km/s (26.700 Km/h). Su avión estratosférico soportó temperaturas de 1.700º C. Este proyecto ha costado 150 millones de euros, se trata de un vehículo automático y colaboran las empresas españolas Elecnor Deimos, Sener, GMS, Rymsa y GDT.

NAVES GIGANTES PARA EXPANDIR A LA HUMANIDAD

La conquista del espacio está limitada hoy por los combustibles impulsores. Se está buscando motores más eficientes para alcanzar mayores velocidades. Motores iónicos que ya están en fase experimental. Motores que funcionen con helio—3. Las investigaciones en el campo de los motores son siempre rigurosamente secretas, lo que sí se puede anticipar es que las naves cada vez serán más grandes.

La NASA tiene un objetivo: enviar astronautas al espacio para expandir el hábitat de la raza humana, primero en la Luna y después en Marte y los asteroides, y esto significa naves más potentes.

2018: La cápsula Orión en la Luna

El SLS (Sistema de Lanzamiento Espacial) es el cohete con que la NASA piensa enviar astronautas a Marte. Un viaje que con este nuevo ingenio solo costará un año. El SLS es lo suficiente potente para transportar módulos de vivienda, vehículos y suministros para sobrevivir.

2030: El decenio de la exploración humana de Marte

Estamos hablando de un objetivo previsto para el 2035 o 2040. Es un plazo largo pero la conquista del espacio requiere grandes planificaciones y preparaciones. En un plazo más corto el SLS deberá llevar seres humanos a la Luna, o a un asteroide. Así para 2018 está previsto el primer vuelo de la capsula Orión, con tripulación, más allá de la Luna. La visita a asteroides está prevista para mediados de la década del 2020 y una misión humana a Marte para el decenio de 2030.

Los presupuestos del SLS son terribles, significan costes que ningún proyecto de investigación ha requerido nunca.

El primer vuelo tripulado de la cápsula Orión orbitará la Luna en 2023.

El SLS servirá para carguero y transporte de tripulantes. Estamos hablando de un complejo de 98 metros de altura, más corto que el Saturno V pero más potente.

Estará impulsado por cuatro cohetes RS—25, ya utilizados en los transbordadores espaciales y alimentados por oxígeno e hidrógeno líquido. Se le acoplarán en los lados dos impulsores de combustible sólido que proporcionará un empuje adicional. La cápsula Orión se emplazará en la cúspide.

Las cifras se disparan al hablar de costes. El primer lanzamiento costará 18.000 millones de dólares, 10.000 del cohete, 6.000 la cápsula tripulada y 2.000 de adaptaciones de infraestructuras. La previsión de gastos alcanza la friolera cifra de 60.000 millones de dólares en diez años. Hay quien asegura que situar astronautas en Marte puede disparar la cifra hasta un billón de dólares. La NASA tiene previsto producir al menos dos cohetes al año y llegar hasta cuatro.

Por su parte la industria aeroespacial privada, Space X, seguirá con su transporte de suministro a la ISS, el Falcón 9. Pero al mismo tiempo está desarrollando un cohete de carga pesada con 27 motores, semejante al SLS. Está desarrollando motores más potentes con la intención de superar las prestaciones del SLS. Tras los pasos de Space X está Virgin Galactic que sigue trabajando en varios prototipos.

EL MOTOR DEL FUTURO: WARP

¿Está la NASA trabajando en el motor Warp? La agencia ha desmentido que esté investigando en este revolucionario motor, pero hay muchas sospechas que no es así.

Destaquemos que este motor funciona sin combustible, el empuje está basado en producir unas microondas que rebotan por el interior de una cámara, el propulsor EmDrive. Es algo revolucionario que no se ajusta a las leyes de la física actual ya que produce más energía de la que se le suministra, violando la tercera ley de Newton.

El EmDrive utiliza las cavidades de las microondas electromagnéticas para convertir directamente la energía eléctrica en empuje, sin necesidad de expulsar ningún elemento propulsor. Esto podría ser el punto de partida para los motores Warp, capaces de doblar el espacio—tiempo para viajar más rápido que la luz, como en la película *Star Trek*.

Este motor fue creado por el ingeniero británico Roger Shawyer en 2006 y no triunfó debido a que contradice las leyes actuales de la física, en concreto la ley de conservación del momento. Se sabe que la NASA probó con éxito el verano pasado el propulsor espacial EmDrive. Según sus estimaciones, una nave equipada con ese motor, el WarpStar–1 llegaría a la Luna en sólo cuatro horas y un vuelo a Marte tardaría 70 días.

El científico británico Roger Shawyer desarrolló un nuevo tipo de propulsor que contradice las leyes actuales de la física.

¿DE QUIÉNES SON LOS ASTROS DEL ESPACIO?

La conquista y la explotación minera del sistema planetario plantean toda una serie de problemas legales sobre la posesión de los astros espaciales y su explotación.

No podemos conquistar el espacio como hicimos con el oeste americano, ni las naves son carretas de colonizadores, ni la posesión de terrenos se resuelve con la ley del Colt 45. Es necesario crear una legislación internacional que sea aceptada por todos los países que tienen programas espaciales, de lo contrario pueden originarse muchas tensiones referentes a la posesión y privacidad de asteroides ricos en minerales, o la propiedad de terrenos en cuerpos más grandes como la Luna y Marte.

¿Es propietario de un asteroide el primero que aterriza en él? ¿Hay derechos territoriales en la Luna y Marte? ¿Puede cualquier nave aterrizar en una colonia espacial? ¿Existen derechos sobre la carga de una nave si se remolca o se socorre? ¿Paga impuestos la minería espacial? ¿Está permitido llevar armas en las naves?

La conquista del espacio plantea muchos interrogantes legales. Ya en 1958 la Asamblea General de Naciones Unidas creó el Comité para la utilización Pacífica del Espacio Exterior. Este Comité aprobó la Declaración de los Principios Jurídicos cuyos puntos principales son:

- Libertad de acceso todo el espacio.
- Igualdad para todos los estados en la exploración y utilización del espacio exterior y la Luna.
- Obligatoriedad de auxilio a los astronautas en caso de accidente.
- Prohibición de colocación de armas de destrucción masiva en órbita.
- Nadie puede apropiarse del espacio ni de cualquier cuerpo celeste ni reivindicar su soberanía.

Este último punto desarrollado en el Tratado General del Espacio, conocido como la Carta Magna del Espacio, reafirma que ningún país puede reclamar soberanías espaciales, ni apropiarse de ningún cuerpo celeste. Pero el tratado sólo habla de países y no de empresas privadas, y hoy son las empresas privadas las que se encabezan la posible extracción minera de recursos. La Carta Magna del Espacio, destaca también que la exploración del espacio es una actividad pacífica sin fines lucrativos, y que los cuerpos celestes sólo pueden utilizarse en provecho de todos los países y en las mismas condiciones de igualdad. Indudablemente las grandes empresas espaciales no han invertidos sus grandes fortunas para dilapidarlas en el espacio sin conseguir fines lucrativos. Nadie piensa que las riquezas mineras de los cuerpos celestes servirán para ayudar a los países más necesitados. Está claro que sólo servirán para enriquecer a las multinacionales del espacio.

El denominado Tratado de la Luna de 1979, destaca, en su artículo 11, que este astro y los demás cuerpos celestes del Sistema Solar son Patrimonio Común de la Humanidad, sin embargo este propósito sólo había sido ratificado por trece países en 2010.

Ante un espacio explorado por empresas privadas, la Administración Federal de Aviación (FAA) de Estados Unidos, asegura que ha dado instrucciones a las empresas estadounidenses para que no interfieran unas con otras en la Luna o cualquier otro cuerpo espacial, solicitando a estas empresas que se comprometan a no aterrizar en el mismo lugar en la que ya esté instalada otra empresa. También ha advertido que nadie puede otorgarse ninguna propiedad sobre la Luna. Es hasta donde puede llegar, legalmente, la FAA, ya que no tiene ninguna autoridad sobre las empresas de otros países.

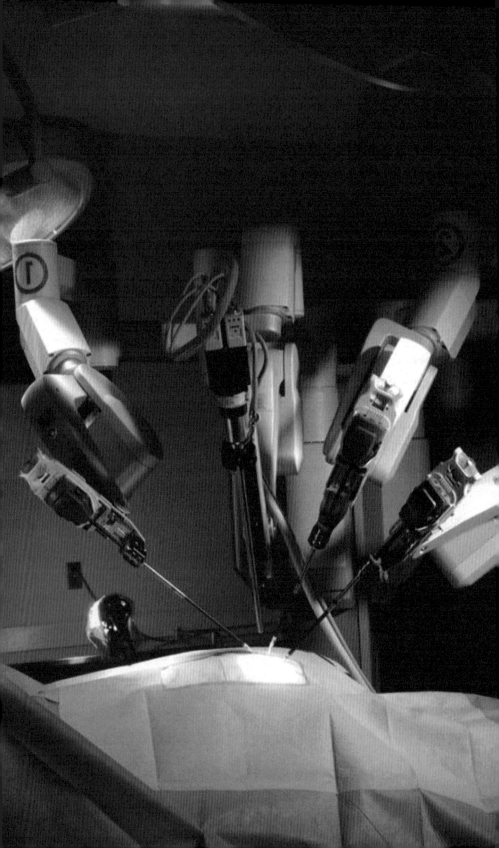

CAPÍTULO 8

LA NUEVA MEDICINA

«Es importante invertir en seres humanos, en salud, educación y en protección social.»

JIM YONG KIM, PRESIDENTE BANCO MUNDIAL

«... me doy cuenta del proceso de envejecimiento, de que hay cierta fatiga de los materiales del cuerpo y de que hay que acudir a los talleres de reparación.»

GÜNTER GRASS

Prevención y teleasistencia

Los próximos años serán revolucionarios en el campo de la medicina, la salud y la biología. Muchas enfermedades van a ser superadas antes de lo que pensamos, otras persistirán debido a nuestras malas costumbres, nuestra alimentación inadecuada, contagios e infecciones a causa de la misma globalización y la contaminación que persistirá en algunos lugares de nuestro planeta.

Las nuevas tecnologías sustituirán todos aquellos órganos que perdamos debido a accidentes. Ya están apareciendo brazos y piernas que funcionan con pulsaciones de los nervios y, permiten recuperar un nivel de vida que daban por perdido muchos discapacitados.

La tecnología permite a los enfermos permanecer en sus domicilios con el mismo control que le puede ofrecer un hospital, incluso la prevención de emergencias. Sensores en el cuerpo analizaran los parámetros del afectado o del anciano y los enviarán a centros de control que, en caso de anomalías, enviarán un equipo al domicilio en pocos minutos.

A los ancianos se les analizará su rutina a través de pulseras con sensores, estos últimos también colocados en la cama, la cocina, o el baño. Las pulseras llevarán su botón de alarma y recordatorio para la medicación. Hoy ya existe una mayoría de ancianos que viven solos que llevan collares en los que cuelga un botón de alarma para ser activado en caso de caídas o emergencias de todo tipo. El futuro es la teleasistencia que mantendrá en comunicación al anciano o paciente con profesionales de la salud. Sistemas que registran a diario los datos de la salud y mantiene un seguimiento del estado del paciente durante 24 horas.

Tejidos inteligentes serán capaces de leer los signos vitales, biosensores capaces de anticiparse a los problemas de salud. Son nuevas formas de entender la vejez y las enfermedades, con sensores que permiten convertir el hogar en centros de asistencia. Especialmente se trata de ofrecer una seguridad psicológica que permita al anciano o al enfermo saber que siempre está controlado. Este hecho produce un estado de ánimo y seguridad que es beneficioso en la mente y en el cuerpo del paciente.

La teleasistencia mantiene en comunicación al anciano o paciente con profesionales de la salud.

LA MEDICINA P4: PERSONALIZADA, PREDICTIVA, PREVENTIVA Y PARTICIPATIVA

La investigación médica actual tiende a luchar contra el envejecimiento y conseguir la inmortalidad. En el mundo actual hay cada vez más gente que vive más allá de lo esperado. En 1790 sólo un 2% de la población alcanzaba los 65 años, y lo hacía, la mayor parte de las veces, sometido a enfermedades e impedimentos. Actualmente son un 20% de la población (especialmente en Alemania, España, Italia y Japón) que superan los 65 años. Y lo realizan en unas condiciones óptimas que les permiten practicar deportes, viajar y disfrutar de la vida... siempre que sus posibilidades económicas lo permitan.

La gente quiere vivir más y en unas condiciones adecuadas, no quiere envejecer. No nos extrañe que en EE.UU. surjan partidos cuya principal promesa electoral es centrar sus esfuerzos en la lucha contra la enfermedad, el envejecimiento y la muerte, como realiza por ejemplo el Partido Transhumanista de Zoltan Istvan.

El problema es el aumento de pensiones con una población mayor, tema que ya ofrezco alternativas en el capítulo cuarto. Ahora se trata de ¿qué estrategias existen para alargar la vida? Alargar la vida es poner fin a las enfermedades. Para ello se precisa una política de prevención y una alimentación baja en calorías, es decir, comer menos de lo que precisamos pero con nutrientes y vitaminas adecuadas, y evitar la comida «basura».

La nueva medicina no consiste sólo en curar los achaques de los pacientes, la nueva medicina es la conocida como P4: medicina personalizada, predictiva, preventiva y participativa. La biotecnología, como veremos más adelante está haciendo espectaculares avances y sus laboratorios genéticos prometen resultado dentro de muy poco. Ya se han identificado variantes genéticas que predisponen a la longevidad (el gen Matusalén), veremos en el capítulo siguiente cómo se ha conseguido modificar la cadena de ADN, sustituyendo un gen por otros.

La investigación médica se centra en buscar un método para frenar el envejecimiento. Y ahí está la investigación biológica de vanguardia. Cientos de laboratorios tratando de elaborar la píldora de la inmortalidad o el tratamiento que retrasará el envejecimiento. Ciento de laboratorios manipulando genes y viendo cómo se puede alterar la edad de fallecimiento inscrita en esos genes. Eso manteniendo el pensamiento ortodoxo de que la edad máxima de una especie está graba en sus genes, pero hay algunos biólogos que afirman que en ningún sitio está escrito que tengamos que morir.

En laboratorios de biotecnología como en Buck Institute (San Francisco) se ha conseguido multiplicar por cinco la esperanza de vida de un tipo de lombrices. El Instituto Max Planck, Alemania, y el Centro Nacional de Investigaciones Oncológicas, en España, han duplicado la posibilidad de sobrevivir de unos ratones.

Un futuro de salud con Google

Google también está investigando en el campo de la longevidad y salud a través de su gran laboratorio Calico. Por otra parte su acceso a millones de perfiles de personas que utilizan Facebook u otros servicios, le permite disponer de un Big Data sobre enfermedades y características de los afectados. Podemos decir que Google juega un importante papel en la salud y está desarrollando en este campo aspectos de ciencia—ficción.

Calico se está centrando en aspectos relacionado de la lucha contra el envejecimiento. Pero a la vez centra sus investigaciones en alcanzar la inmortalidad en un proyecto secreto que pretende transferir el cerebro humano a un avatar o ser biotecnológico que sería inmortal. Calico anunció recientemente una inversión de 1.500 millones de dólares en la compañía farmacéutica Abbvie, para acelerar las investigaciones en aspectos neurodegenerativos como la demencia, enfermedad de Alzheimer y el cáncer.

Entre las innovaciones en las que trabaja Google esta la creación de una máquina de Turing neural que imita la memoria a corto plazo de un cerebro humano. Un sistema que aprende, ya que almacena recuerdos, y más tarde puede recuperarlos para realizar tareas lógicas. Esta red neuronal se basa en la idea de crear un equipo que simula lo que sucede en el cerebro humano.

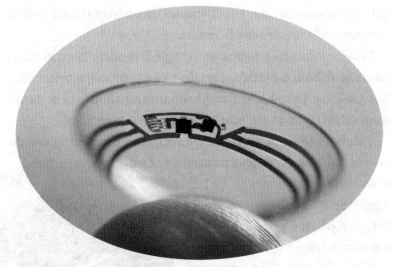

Google ha desarrollado unas lentes de contacto que controlan el nivel de azúcar en la sangre de los diabéticos.

También ha desarrollado unas lentes de contacto para ayudar a los diabéticos para controlar su salud. Google se ha asociado con la compañía farmacéutica global, Novartis y su división Alcon gafas. La lente contiene un microchip de baja potencia y un circuito electrónico, tan delgado como un pelo, que mide los niveles de azúcar en la sangre directamente del fluido lagrimal en la superficie del globo ocular y transmite los datos a un dispositivo móvil.

En su programa de investigación Heart Attack, Google está investigando para desarrollar una píldora de nanopartículas que podría identificar ciertos tipos de cáncer, ataques al corazón y potencialmente otras enfermedades interiores. Una nueva terapia basada en nanopartículas magnéticas que circularían a través de la sangre para detectar signos de cáncer o un ataque cardíaco inminente.

El almacenamiento de genomas es otro de los servicios que ofrece Google, se trata Google Genómica que cobra 25 dólares por año y se ofrece a guardar una copia del genoma de cualquier persona, con el fin de disponer de un historial completo y poder realizar análisis eficientes.

Junto a Johnson & Johnson, Google X desarrolla en el campo de la robótica plataformas de cirugía robótica avanzada. Google Glass ya se ha convertido en una herramienta habitual en muchos quirófanos, una herramienta pedagógica.

Finalmente Google Fit planea recoger y datos médicos de los seguidores de fitness populares. Con ellos crearía un nuevo kit de Salud de Apple. Se integrará con un dispositivo portátil que puede medir datos como pasos o la frecuencia cardíaca. La creación de este tipo de plataformas de salud para todos permite procesar los datos de salud sensibles al tiempo que proporciona información sobre otras partes vitales de los portadores.

Google Fit recoge datos médicos de los aficionados al fitness para evaluar su salud.

UN GRAN DESCUBRIMIENTO QUE PASA INADVERTIDO

Las nuevas tecnologías están creando nuevos campos en la medicina en los que aparecen nuevas especialidades que son desconocidas para la mayoría de los ciudadanos. Ha sido, recientemente la neurobiomedicina, con la participación de la nanomedicina los protagonistas de un gran avance para salud: se ha logrado traspasar la barrera hematoencefálica.

El descubrimiento es de una importancia vital y significa un avance sin precedentes en la curación de las enfermedades que afectan al cerebro. Quiero destacar que el descubrimiento ha corrido a cargo de Ernest Giralt y su equipo del Institut de Recerca Biomédica de Barcelona (IRB).

El problema es que la ciencia y la medicina se han especializado tanto y se han tecnificado de tal manera que, el ciudadano medio ya no llega a comprender los nuevos avances ni descifrar su complicado lenguaje al ser descritos.

Trataré de explicar el descubrimiento de la forma más accesible a todos, espero que sus descubridores no se disgusten conmigo si no aplicó el mismos rigor, a ellos les pasaría lo mismo si tuvieran que describir la importancia que tiene una partícula recién descubierta en el modelo estándar de la mecánica cuántica.

Empezaré por explicar que existe algo que se conoce como barrera hematoencefálica, una especie de impermeabilización que impide que el caudal sanguíneo inunde las neuronas del cerebro. Es una «aduana» que no deja traspasar a nadie.

Los investigadores del IRB han desarrollado una miniproteína (péptido) que atraviesa la barrera y resiste a las proteasas, unas enzimas que rompen una proteína cuando intenta atravesar. Es decir, hacen de celosos aduaneros que te destruyen si intentas pasar. Los miembros del IRB han hecho resistente a este péptido realizándole una serie de cambios, haciendo que llegue ligado a unas proteínas, las

Ernest Giralt es jefe del Laboratorio de Péptidos y Proteínas en el Instituto de Investigación Biomédica (IRB Barcelona), donde también coordina el Programa de Química y Farmacología Molecular.

transferrinas que contienen hierro. Como el cerebro precisa hierro, el «aduanero» deja pasar esta carga entre los vasos sanguíneos y el cerebro. El aduanero ha sido burlado, la péptida atraviesa y entra en el parénquima cerebral.

El experimento que se ha realizado con ratones precisaba una comprobación, y para ello se ha cargado la molécula «contrabandista» con una nanopartícula fluorescente, y por medio de neuroimágenes se ha comprobado que atravesaba la barrera hematoencefálica.

Con este logro se van a evitar muchas intervenciones quirúrgicas del cerebro, esas invasiones externas tan delicadas. Ahora se puede cargar a nuestro contrabandista de fármacos para combatir tumores, actuar sobre diferentes partes del cerebro e incidir en enfermedades como el Alzheimer o Parkinson. De entrada se puede utilizar un anticuerpo monoclonal que se sabe que combate uno de los tumores cerebrales más malignos: el glioblastoma.

Se lleva años intentando solucionar el problema de la barrera hematoencefálica, ahora se ha conseguido. Es un gran descubrimiento que pasa inadvertido, pero en biomedicina es merecedor de un premio.

MODIFICAR GENES PARA CREAR SERES A LA CARTA

Otro de los grandes descubrimientos que transformarán nuestra sociedad lo han realizado un equipo de científicos chinos que ha modificado un gen en embriones humanos, algo que la legislación occidental no autoriza por considerarlo peligroso y desencadenador de problemas éticos.

Voy a tratar de explicar lo más sencillamente posible lo que han realizado Junjiu Huang, profesor de la Universidad de Sun Yat—sen en Canton y publicado en la revista *Protein & Cell*.

Se trata de un experimento de ingeniería genética en el que Huang ha procedido a cortar un gen defectuoso del núcleo que contiene el patrimonio genético de un embrión humano, luego ha procedido a reemplazarlo por un gen medicamente inyectado.

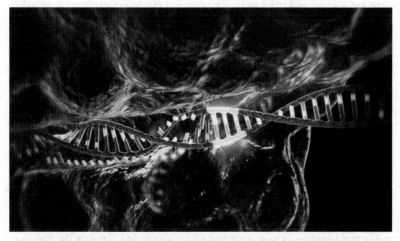

Un equipo de científicos chinos ha modificado un gen en embriones humanos, un experimento ciertamente controvertido.

Hasta ahora este experimento sólo se había realizado en células humanas adultas o embriones de animales, pero nunca en embriones humanos vivos.

¿Qué se puede conseguir con ello? Se pueden curar muchas enfermedades genéticas graves, hereditarias y evitar que un niño nazca con ellas, como por ejemplo el SIDA. Pero también se puede instalar o suprimir genes «por pedido», para tener hijos más altos, más resistentes a las enfermedades, más inteligentes, con vidas más largas, etc. Es decir se puede modificar el patrimonio genético al gusto de los consumidores, vendiéndoles embriones manipulados.

Este procedimiento sin control puede llevar a crear seres inmortales, seres como el «replicante» Nexus—6 de la película *Blade Runner*. Además es un procedimiento barato y, según la revista *Nature*, cuatro equipos chinos más están investigando en este campo y preparando sus manipulaciones genéticas.

Se ha traspasado una barrera, algo que ya se veía venir. Es un gran experimento científico, y ahora todo depende de su utilización. Pero la barrera que se ha traspasado es tan grande que en Estados Unidos la Academia de Medicina y la Academia de Ciencias han convocado una reunión para debatir los problemas derivados de la modificación del genoma humano.

ANTE EL PRIMER TRASPLANTE DE CABEZA

En el 2013, el Grupo de Neuromodulación Avanzada de Turín recibía una llamada desde Vladimir (Rusia) en la que se solicitaba hablar con el doctor Sergio Canavero, el motivo estaba relacionado con las investigaciones y proyectos de Canavero sobre el trasplante de cabezas humanas. Canavero pensó que se trataba de un medio informativo ruso que deseaba realizarle una entrevista sobre los proyectos del Grupo de Neuromodulación Avanzada, pero su sorpresa fue mayúscula cuando, un tal Valeri Spriridonov de 30 años, se ofrecía voluntario para que trasplantaran su cabeza a un cuerpo nuevo, ya que el suyo padecía la enfermedad de Werdnig—Hoffman y muy pronto se vería postrado en una silla de ruedas y en unos años más fallecería.

Spriridonov, programador, se había enterado de las investigaciones de Canavero a través de internet y estaba dispuesto a correr los riesgos de esta complicada intervención de neurocirugía, incluso tenía todo el apoyo de su familia.

Durante dos años Canavero y Spriridonov han estado en contacto para resolver los problemas éticos y económicos que entraña esta complicada intervención. Por su parte Canavero, con el Grupo de Neuromodulación ha estado estudiando todos los detalles de cirugía del trasplante, así como repasando las experiencias anteriores realizadas con animales. Pero ahora se trataba de un trasplante real de cabeza humana.

Al margen de que Canavero no dispone de ningún otro voluntario, Spriridonov es el primero de una posible lista de otros voluntarios, ya que Canavero confeccionó la citada lista y en ella ocupaban el primer puesto de prioridad en la selección aquellos pacientes que sufren atrofia muscular.

2016—2017: Primer trasplante de una cabeza humana

Antes de ver los antecedentes históricos brevemente, hay que dejar bien claro que un trasplante de cabeza no es lo mismo que un trasplante de cerebro. Un trasplante de cabeza requiere separar esta de un cuerpo dañado y colocarla en otro que está en buen estado. Para ello se requiere una cabeza humana en buen estado con un cerebro sano en su interior. El trasplante de cerebro implicaría retirar el cerebro del interior del cráneo y colocarlo en el de un donante. Que sepamos no hay nadie que esté investigando para este último experimento. Finalmente están las investigaciones de Initiative 2045, con Google y Calico (California Life Corporation) que tratan de transferir la información de un cerebro humano a un avatar, un ser biosintético.

BREVES ANTECEDENTES HISTÓRICOS

El trasplante de cabezas ha sido un tema más de la ciencia—ficción que de la realidad de la cirugía, recordemos novelas como *La isla del doctor Moreau* de H. G. Wells, *Prometeo encadenado* de Mary Shelley o *Neuromante* de William Gibson.

Hasta la fecha todos los experimentos se han realizado con perros, monos y ratas. No consta que algún oscuro laboratorio del interior de la selva del Brasil lo haya intentado con un ser humano, pero nunca se sabe lo que tenebrosos personajes han sido capaces de acometer.

El primer experimento lo realizó Vladimir Demikhov en Rusia en 1950, que trasplantó con éxito cabezas de perros en cuerpos de otros perros, un espectáculo nada agradable para los amantes de los canes, una vivisección que hoy sería duramente criticada por las asociaciones de defensa de los animales. Los animales fallecían a las dos semanas por distintas causas.

Vladimir Demikhov trasplantó con éxito cabezas de perros en cuerpos de otros perros.

El segundo intento lo realizó en 1970 el doctor Robert White, trasplantando la cabeza de un mono en el cuerpo de otro. Era un gran avance por el parecido que tienen estos animales con los seres humanos, pero el animal no sobrevivió mucho tiempo, nueve días. Mientras las causas del fallecimiento de los perros no se aclararon por el hermetismo de la Unión Soviética, los norteamericanos fueron más explícitos y revelaron que la causa fue el inmunorechazo.

El experimento de White fue en realidad un fracaso, ya que no se intentó unir la médula espinal de la cabeza del mono trasplantado en el cuerpo del otro mono, por lo que el animal trasplantado estaba paralizado de cuello para abajo y requirió asistencia artificial para respirar. Una cirugía de imagen y sufrimiento de un animal.

Finalmente cabe citar a otro investigador, Xiaoping Ren, de la Universidad Médica de Harbin en China. Xiaoping Ren ha realizado con éxito un trasplante de cabeza de ratón, y está muy interesado en usar parte de la técnica que propone el doctor Canavero para su trasplante de cabezas humanas, especialmente el polietilenoglicol.

Dentro de dos años en el quirófano de Canavero

Esta es una descripción aproximada de la intervención que realizará el doctor Canavero.

Antes de la operación se llevará al paciente a un estado de coma, para evitar cualquier movimiento, al mismo tiempo que se le implantará unos electrodos en la espina dorsal para estimular la creación de nuevas conexiones nerviosas.

La intervención comenzará enfriando el cuerpo del donante y la cabeza, con el fin de producir cierto silencio químico y evitar la muerte celular. Seguidamente se procederá a separar la cabeza cortando los principales vasos sanguíneos que serán vinculados a tubos. La circulación de la sangre es vital, ya que sin ella se producirían consecuencias irreversibles en menos de cinco minutos. Los vasos sanguíneos, los músculos y la piel se suturan. Cabeza y cuerpo quedarán unidos, provisionalmente, por estos tubos.

Las terminaciones nerviosas de las dos partes se conectarán por medio de polietilenglicol que actuará de conexión hasta que los tejidos se unan definitivamente.

Lo más delicado es el corte de la médula espinal que debe realizarse lo más limpio posible. La clave está en unir los nervios interiores de la médula espinal, ya que de la cabeza a la medula espinal se extienden 12 pares de nervios responsables de diversos movimientos. Para ello se recurrirá a polietilenglicol, seguido de varias horas de inyecciones del mismo para estimular la grasa en las membranas celulares. No sólo se trata de localizar los nervios y conectarlos cosiéndolos, también requiere que todo eso crezca y funcione. Por lo que el proceso de recuperación será esencial y largo. En caso de rechazo se suministrarían inmunosupresores.

Esta compleja operación tiene sus detractores y expertos que advierten que no es posible llevarla a cabo con éxito, y que dicha cirugía supondrá una violación de las normas éticas. Para Arthur Caplan del centro Médico Langone de la Universidad de Nueva York y Director de Ética, Canavero está «loco». Canavero tiene en contra a todos los defensores de los principios éticos, y a la Iglesia Ortodoxa Rusa que le inquieta la identidad de alguien que tiene la cabeza de otra persona, incluso se apunta que sólo será persona «de un modo parcial».

El neurocirujano italiano Sergio Canavero está dispuesto a hacer el primer trasplante de cabeza en un plazo de dos años. Otros científicos lo consideran un delirio.

Canavero es pragmático y ante estas críticas solo advierte que si la intervención no se realiza en Europa terminará por realizarse en otro país del mundo tarde o temprano.

Si Canavero tiene éxito en su trasplante se abren las puertas a un mundo de ciencia-ficción. Individuos con sus cuerpos completamente destrozados o enfermos que tienen aún una buena capacidad cerebral y quieren seguir viviendo, decidirán abandonar su viejo cuerpo y continuar indefinidamente viviendo con su cerebro. Así, el paciente, se someterá al corte de su cabeza y la extracción de su cerebro en manos de cirujanos especialistas capaces de separar el cerebro del cuerpo humano, y una vez extraído colocarlo en un tanque con una solución alimenticia, seguidamente conectar las terminaciones nerviosas del cerebro extraído a un superordenador capaz de simular en el cerebro extraído una realidad aparente a través de señales concretas.

El cerebro en el tanque de mantenimiento indefinido se experimentará como una persona con su cuerpo de carne y hueso, ya que sus sensaciones y experiencias serán el resultado de las actividades neuronales y los impulsos eléctricos generados por el ordenador. Un ordenador capaz de crear un mundo como el que preconiza *Matrix*. Un mundo que detalla Morfeo a Neo en *Matrix* cuando le explica: «¿Qué es la realidad? Si te refieres a lo que sientes, a lo que puedes oler, gustar o ver, la realidad no es más que señales eléctricas interpretadas por la mente».

Finalmente destacaremos que la operación de Canavero puede alargarse más de un día, y que para esta intervención requerirá un equipo de 150 profesionales de la medicina, más unas cincuenta enfermeras para asistir al trasplantado las semanas siguientes a la intervención quirúrgica, al margen del equipo de recuperación y los psicólogos que atenderán al trasplantado cuando este recuperé la consciencia.

El nuevo instrumental

La nueva medicina significa nuevo instrumental médico, no sólo la robótica en los quirófanos y los equipos de control del enfermo en las UVI y habitaciones, sino ese costosísimo material tecnológico destinado a explorar el cuerpo de los pacientes.

Hoy, sin esta tecnología seríamos incapaces de diagnosticar con exactitud muchas enfermedades. Las técnicas de imagen permiten evitar siete de cada diez biopsias en cáncer de próstata y posibilitan diagnosticar un tumor de manera más rápida y con menos riesgo.

Ver en el interior del cuerpo humano representó un gran avance, un avance que comenzó cuando cuándo el físico francés René Théophile Hyacinthe inventó en 1816 el estetoscopio, un instrumento que permitía acceder a los ruidos corporales, el sonido de la respiración o el borboteo de la sangre en torno al corazón. Luego vino el descubrimiento de los rayos X por Wilhelm Conrad Röntgen, algo tan espectacular que, al ver la imagen de rayos X de la mano de su marido, la esposa de Wilhelm Röntgen se estremeció de miedo y pensó que los rayos eran diabólicos presagios de la muerte.

Hoy existen aparatos que procesan las imágenes radiológicas y aportan importantes detalles del organismo. Pero el primero de estos exploradores del cuerpo humano fue el electroencefalograma (EEG) capaz de explorar el registro de actividades bioeléctricas del cerebro. Entre los más conocidos de estos instrumentos tecnológicos, están la Resonancia magnética (RM); la tomografía computarizada espectral (TCE), la tomografía axial computarizada (TAC), la resonancia magnética nuclear (RMN), la resonancia magnética funcional (RMNf), el espectroscopio de infrarrojos, la magnetoencefalografía (MEG), la tomografía de positrones (PET), la tomografía por resonancia magnética de alta intensidad, etc.

Todos estos instrumentos se han convertido en vitales para la exploración del cuerpo humano y la detección precoz de enfermedades, inflamaciones, tumores, etc. Su coste es brutal, pero es una necesidad imprescindible. La salud depende de este instrumental y de su antigüedad, y ahí, España se convierte en uno de los países que no ha renovado estas máquinas y mantiene un «parque» antiguo y a veces inoperativo. Sepamos que en España, en el caso de los TAC, el 80% tienen más de 10 años, el 40% entre 5 y 10 años, y sólo menos de un 40% tienen cinco años. Lo que nos sitúa, de una lista de 26 países europeo en el puesto 22. En lo que respecta a la RM en España, el 60% de estos aparatos tiene más de 10 años, solo un 20% tiene menos de cinco años, esto nos sitúa en la lista de los 26 países en el último lugar en lo que respecta a antigüedad de tecnología médica.

Hoy en día difícilmente se puede ofrecer una buena sanidad si no se dispone de unos medios modernizados. Una tecnología obsoleta sólo produce unos diagnósticos obsoletos con una baja probabilidad de ser acertados. Como veremos en el capítulo 10, existen partidos, como el transhumanista, que reivindican en primer término la salud y la necesidad de unas inversiones importantes en este sector.

CAPÍTULO 9

REGENERACIÓN E INMORTALIDAD

«*A la gente le da miedo pensar, reflexionar sobre los grandes misterios de la vida.*»

KIA NOBRE, NEUROCIENTIFICA COGNITIVA DE LA UNIVERSIDAD DE OXFORD

«*Soy de la creencia de que cuanto puede hacerse se acaba haciendo, aunque no sea obligatorio ni recomendado.*»

JAVIER MARÍAS

DEL MUNDO DEL DOCTOR DOLITTLE, AL MUNDO DEL DOCTOR MOREAU: LA REGENERACIÓN

Investigaciones actuales creen que en un futuro no muy lejano se conseguirá que los seres humanos regeneren las partes del cuerpo perdidas. ¿Por qué no va poder hacerlo el ser humano cuando muchas especies pueden realizar la tarea con facilidad? Tenemos gusanos planos decapitados cuyas cabezas crecen de nuevo; renacuajos que pueden reemplazar sus colas pérdidas, y salamandras mexicanas que tienen la capacidad de regenerar todos sus miembros, la cola, su médula espinal y la piel, todo sin ninguna evidencia de cicatrices. Incluso algunos mamíferos tienen capacidad regenerativa limitadas: cada año, los renos regenerar sus astas. Y, en algunas circunstancias, las ratas jóvenes que pierden una pierna pueden hacerla crecer de nuevo.

¿Por qué no podemos regenerar, por ejemplo, el tejido de la retina dañada o incluso volver a hacer crecer todo un ojo?

Michael Levin es director del Centro de la Universidad de Tufts para Regenerativa y Biología del Desarrollo en Medford, cerca de Boston. Levin cree que la clave para la regeneración se puede encontrar en las señales eléctricas que se transmiten entre todas nuestras células, al igual que los unos y ceros del disco duro de un ordenador. La manipulación de estas señales ya ha permitido a Levin producir resultados que han conseguido la creación de gusanos planos de cuatro cabezas. En el transcurso del próximo año, comenzará experimentos que podrían hacer regeneración de miembros en los humanos.

2016: Primeros experimentos para regenerar miembros humanos

Los científicos creen que la clave para la regeneración humana de órganos se encuentra en los estudios de la genética y células madre. Tales estudios han producido resultados increíbles: la tráquea de un paciente reparada en un laboratorio; un segmento de la vejiga funcional, formado en una retícula artificial. Estos logros prometen la esperanza de que un paciente un día sea capaz de hacer crecer un nuevo órgano de sus propias células.

El equipo de Levin ha descubierto la manera de manipular gusanos que crezcan en una variedad de formas distintas, algunos con una cabeza en ambos extremos del cuerpo, otros con cabezas rectangulares, o un ojo en cada punta de su cuerpo. Los «monstruos», como los llama cariñosamente, viven en recipientes de plástico llenos de agua de manantial, la única agua en la que los gusanos crecen y se regeneran adecuadamente. Son «monstruos» como los creados por el doctor Moreau, en la novela de H. G. Wells *La isla del doctor Moreau*, con la diferencia que aquellos de Wells, eran creados por vivisección y estos por ingeniería genética y celular.

Para modificar estos gusanos el equipo de Levin altera los canales iónicos, y por lo tanto el voltaje de las células particulares en los embriones de rana. Creen que cuando una célula llega a un cierto voltaje, la actividad de los genes produce cambios en la célula desencadenando una cadena de eventos que conducen a un ojo o una nariz o la boca. La señal se transmite de célula a célula y también puede configurar el proceso que se desarrolla: el voltaje que significa «ojo» podría contar las células para diferenciarse en una lente, una córnea, una retina, todo al mismo tiempo que la confor-

El biólogo Michael Levin confía en poder regenerar las extremidades perdidas.

mación de la organización general del ojo. Al revelar que las tensiones específicas activan órganos específicos se descubrió la piedra Rosetta de la señalización eléctrica.

Con estos diminutos renacuajos mutantes es la primera vez que alguien ha logrado que un ojo crezca en cualquier lugar de la cabeza. Por esto los científicos ya están investigando si estas señales se pueden utilizar para reparar y regenerar los ojos dañados en ratones.

Levin piensa en el camino de la regeneración en humanos y la regeneración de sus extremidades. Sus trabajos con renacuajos han producido resultados impresionantes, pero los renacuajos ya pueden regenerar colas; Levin buscaba que sean capaces de una mayor capacidad de regeneración. ¿Se puede producir un resultado idéntico en ancas de rana, que no se regeneran de forma natural, sin tener en cuenta cuando están cortadas? Es un proceso lento, ya que las ancas, a diferencia de las colas, pueden precisar la mitad de un año para volver a crecer.

Los resultados sólo se publicaron en la edición de enero 2013 de la revista *Biología integrativa y comunicativa*. En el artículo, se puede ver en una fotografía, dígitos minúsculos, dedos de los pies de rana que empujan hacia fuera de la piel, la etapa concluyente definitiva de la regeneración de miembros de la rana. El siguiente paso es la regeneración en los seres humanos.

El siguiente paso es el gran proyecto de investigación de Levin, donde quiere eliminar los dedos de algunos de los ratones del laboratorio, y aplicar los mismos procedimientos para que se active la regeneración de los dígitos que faltan. Es un salto a lo desconocido y una gran prueba de las teorías de Levin. Hasta el momento es uno de los avances más grandes de la medicina regenerativa. Es también un estudio que podría traer la posibilidad de que la regeneración de órganos humanos esté más cerca de lo que ha estado nunca.

EL PRIMER PASO PARA EL CEREBRO BIÓNICO

Ya se ha construido una celda de memoria diminuta que puede almacenar y procesar la información al mismo tiempo, al igual que el cerebro humano. Es una de las primeras células de memoria electrónica multiestado, y representa un paso crucial hacia la construcción de un cerebro biónico.

Esta célula es 10.000 veces más delgada que un cabello humano, pero abre el potencial de almacenar y procesar más datos que nunca. Los científicos están aún más entusiasmados con el hecho de que tiene habilidades, es decir, es capaz de retener, recordar y ser influenciado por la información que ha sido previamente almacenada en ella.

Esto es lo más cerca que se ha llegado a la creación de un sistema de cerebro con memoria que aprende y almacena la información analógica.

Sharath Sriram, de la Universidad RMIT en Australia, es el líder de este proyecto y cree que: «El cerebro humano es un ordenador analógico extremadamente complejo, su evolución se basa en sus experiencias anteriores, y hasta ahora esta funcionalidad no ha sido capaz de reproducirse de manera adecuada con la tecnología digital».

El hecho que esta célula tenga nuevas habilidades añade otra dimensión más allá de las células de encendido / apagado de la memoria que utilizamos actualmente para almacenar nuestros datos en los dispositivos convencionales, tales como USBs, que sólo son capaces de almacenar un dígito binario

Un equipo de investigadores de la Universidad RMIT liderado por Sharath Sriram han imitado la forma en que el cerebro humano procesa la información a largo plazo.

(ya sea un 0 o un 1) a la vez. Los investigadores están comparando esto a la diferencia entre un interruptor de la luz regular que, o bien está con la luz encendida o apagada, y un regulador de intensidad, lo que le da acceso a todos los matices de la luz en el medio.

Las células están hechas de un material de óxido funcional en forma de una película ultra fina. El equipo creó el material el año pasado y demostró que era muy estable y confiable. Pero ahora han introducido con éxito los defectos controlados en la película, que permiten que la célula pueda ser influenciada por los acontecimientos anteriores. Es decir, se han introducido defectos en el material de óxido junto con la adición de átomos metálicos que da rienda suelta a todo el potencial del efecto «habilidad», donde el comportamiento del elemento de memoria depende de sus experiencias pasadas.

Todo esto significa que las células podrían un día ser utilizadas para construir un sistema artificial que imite las extraordinarias capacidades del cerebro humano, que es extremadamente rápido y requiere muy poco aporte de energía, y tiene memoria de almacenamiento casi ilimitada. Mientras que los beneficios para la inteligencia artificial y la computación son evidentes, un «cerebro biónico» también podría ayudar en gran medida la salud humana, al permitir a los investigadores estudiar enfermedades como el Alzheimer y el Parkinson.

Para estudiar determinadas enfermedades neurodegenerativas es muy difícil leer lo que está pasando dentro de un cerebro vivo, y en el aspecto ético, no se puede experimentar en sujetos vivos sin repercusiones. Si se dispone de un cerebro biónico se puede ver lo que pasa dentro del cerebro, lo que hace la investigación mucho más fácil y accesible.

En busca de la inmortalidad

Son los Faustos del siglo XXI luchando para no envejecer, son los gigantes de la tecnología, los triunfadores de Silicon Valley en busca de la inmortalidad.

Millonarios que financian las investigaciones médicas más avanzadas sobre la longevidad humana, una aventura única en la historia de la humanidad que para algunos está considerada de herética. Mencionemos algunos de estos visionarios mecenas.

Peter Thiel, 47 años, cofundador de PayPal, con una fortuna personal de 2,2 mil millones de dólares, financia numerosas fundaciones *antiaging*, entre ellas Matusalén en la que se ha invertido 3,5 millones de dólares. Es uno de los mecenas de la Universidad de la Singularidad y la SENS Foundation.

Larry Page, 42 años, cofundador de Google, con una fortuna personal de 34,2 mil millones de dólares. Ha creado Calico (California Life Company) para luchar contra el envejecimiento y dotada con 750 millones de dólares.

Larry Page y Sergey Brin, cofundadores de Google.

Mark Zuckerberg, 31 años, cofundador de Facebook, con una fortuna personal de 41,7 mil millones de dólares. Ha creado Breakthrough Prize in Life Science que recompensa las investigaciones que permiten prolongar y alargar la vida, una fundación que también dirige Priscilla Chan, pediatra de la Universidad de California. El premio de Breakthrough está dotado con tres millones de dólares, muy superior al Nobel que se mueve alrededor de los 925.000 dólares.

Larry Ellison, 70 años, cofundador de Oracle, con una fortuna personal de 49,8 mil millones de dólares. Ha creado la Lawrence Ellison Medical Foundation que lucha contra el envejecimiento.

2045: Fecha en la que se pretende alcanzar la inmortalidad

A estos cuatro mecenas hay que añadir a Dmitry Itskov, 26 años, propietario de la mayor red de cadenas de radio, prensa y televisión en Rusia, es el impulsor de Initiative 2045 y la Fundación Futuro Global con la Universidad de la Inmortalidad. Su objetivo es alcanzar la inmortalidad antes de 2045. Y para ello tiene el apoyo de Raymond Kurzweil, ingeniero jefe de Google que toma 150 comprimidos diarios para mantenerse hasta el 2045. Otros millonarios que participan con sus fortunas en esta serie de proyectos son Peter Diamandis, fundador de la empresa espacial X Priz; Richard Branson, fundador de la empresa espacial Virgin Galactic, James Cameron, cineasta y el hombre que ha descendido a la más profunda fosa marina del mundo, 10.973 metros en la Fosa de las Marianas, Océano Pacífico.

Todos ellos están precipitando la investigación biomédica para detener el envejecimiento y vencer a la muerte. La búsqueda de soluciones para alcanzar la inmortalidad se realiza en todos los frentes de la medicina, biología, nanotecnología, etc. Pero tal vez las investigaciones más avanzadas se realicen en Calico, ese laboratorio creado por Larry Page que está instalado en la zona de San Francisco y donde se llevan a cabo misteriosos programas como «Google X» consagrado a la ruptura y la innovación. Todos estos mecenas, con una filosofía transhumanista de la vida, y que reconocen su ateísmo declarado, han conseguido reunir a los mejores especialistas del mundo en esta búsqueda de la inmortalidad. Médicos y biólogos como Aubrey de Grey, o Cynthia Kenyon.

Bill Gates, cofundador de Microsoft y su mujer Melissa, que acumulan una fortuna de 79,2 mil millones de dólares, también invierten en centros médicos y laboratorios, pero Gates considera que hay otras prioridades antes de buscar la inmortalidad y así lo manifiesta: «Que los ricos financien investigaciones para poder vivir más tiempo cuando aún estamos desbordados de paludismo y tuberculosis, encuentro, francamente, que es egocéntrico».

Pese a las críticas Calico sigue sus investigaciones y es receptor de presupuestos millonarios, entre ellos los 750 millones de dólares para su arranque. Al frente de este secreto laboratorio de Google está como vicepresidenta Cynthia Kenyon, descubridora del gen denominado daf-e en el gusano *Caenorhabditis elegans*, un gen que desactivado multiplica la esperanza de vida del gusano por dos, como explicare más adelante.

La realidad es que nadie puede parar esta loca carrera en busca de la inmortalidad y los laboratorios se han lanzado, cada uno con sus estrategias, a conseguir una mayor esperanza de vida. Unos ofreciendo piezas de recambio para cualquier parte de nuestro cuerpo, otros modificando nuestro material genético, otros buscando la píldora de la inmortalidad, otros regenerando tejidos y órganos, y otros transfiriendo nuestro cerebro a un ser biotecnológico capaz de vivir eternamente.

El ciudadano medio desconoce lo que se está fraguando en la caldera mágica. Desconoce, por ejemplo, que se trabaja en técnicas genéticas, Crispr, que emplean bacterias de sistemas inmunitarios primitivos para eliminar patógenos, modificar genes defectuosos, etc. Ya en 2015 un laboratorio chino modificó los embriones humanos para eliminar una enfermedad genética rara. Pero, actuar sobre el embrión humano, que internacionalmente estaba prohibido, ha llevado a los laboratorios chinos a pensar que también pueden modificar otros aspectos y crear seres a la carta: niños más altos, con ojos azules, más inteligentes, etc.

Hoy se investiga en el alargamiento de los telómeros, las extremidades de los cromosomas que marcan el tiempo que una personas debe vivir. Así, Alba Naudi de la Universidad de Barcelona, forma parte del grupo de Fisiopatología Metabólica Experimental de la Universidad de Lleida, que siguen las claves del envejecimiento, ligado a la neurodegeneración. Cree que la clave está en la reducción de la metionina, responsable del estado oxidativo de nuestras células, y abundante en las carnes rojas. Los ratones que dejan de alimentarse con proteínas cargadas de metionina han conseguido alargar su vida un 20% más. Para Alba Naudi la dieta es vital para cumplir el máximo de años.

EN BUSCA DEL ELIXIR DE LA INMORTALIDAD

Todos los caminos están abiertos para alargar la vida, algunos terriblemente asombrosos e insospechados por el ciudadano normal y corriente. Entre estos citaré la transfusión total de sangre, ya que se ha comprobado en ratas de laboratorio que cambiar su sangre por la de ejemplares más jóvenes da nuevas energías a los roedores, según demuestra un estudio de la Universidad de California.

Trasplantar células neuronales es otro de los caminos. Se trata de reemplazar las células del cerebro por neuronas artificiales, lo que permite luchar contra las enfermedades neurodegenerativas.

Desde los primeros trasplantes de corazón por Barnard en Sudáfrica, todo órgano humano parece ser susceptible de ser sustituido en caso de mal funcionamiento. Huesos y órganos se pueden imprimir en 3D, incluso tejidos biológicos, como se realizó con un lóbulo de oreja en la Universidad de Princetown. Investigadores de España obtuvieron piel artificial a partir de células de cordón umbilical. Ahora los trasplantes de órganos en 3D tratan de reproducir con efectividad hígados, riñones y corazones.

Finalmente citar toda la industria robótica que ha conseguido manos, brazos y piernas artificiales conectadas a los sistemas nerviosos y manejados con habilidad por los afectados. El lector encontrará más información sobre este tema en mi libro *Ponga un robot en su vida*.

La carrera por la longevidad también apunta a los medicamentos milagrosos, una píldora que pudiera rejuvenecer o hacernos inmunes a cualquier enfermedad, una especie de elixir de la inmortalidad. Medicamentos que tienen como objetivo prolongar la duración de la vida.

En este campo, la suerte llevó a descubrir una molécula denominada metaformina, que se prescribía a los enfermos de diabetes tipo 2, y que administrado en ratas de laboratorio ha demostrado que aumenta su longevidad. Un estudio realizado en 2014 por la Universidad de Cardiff reveló que los enfermos de diabetes tratados con metformina tenían una esperanza de vida de un 15% más.

Otra molécula *antiaging* es la rapamicina, un inmunodepresor que ha demostrado su capacidad de alargar la esperanza de vida en los ensayos con animales, especialmente perros.

Finalmente cabe citar que reduciendo la actividad del gen TOR kinasa a través de una manipulación de genes, se ha logrado alargar la vida del gusano *Caenorhabditis elegans*, así como ratas, entre un 30 a 50%. Y un equipo del Buck Institute for Research on Aging de California, conjugando las mutaciones de daf—2 y TOR, han multiplicado la longevidad por cinco.

¿Cuál es el secreto de los centenarios?

En un chiste se le pregunta en una entrevista a un centenario cómo ha conseguido llegar a esa edad. El anciano responde: «No discutiendo con nadie». El entrevistador, pensando que esa no es la realidad le argumenta: «Bueno no será por eso», y el anciano le contesta tranquilamente: «Bueno, si usted lo dice, pues no será por eso».

Indudablemente la predisposición de la mente es un factor importante como la actitud ante la vida para alcanzar ciertas edades. Dice un dicho que los disgustos y las discusiones matan. En realidad es el estrés lo que hay que controlar. Para alcanzar edades centenarias se precisa una alimentación adecuada y sobre todo una ausencia de inflamaciones crónicas.

2050: La cifra de centenarios en el mundo será de 4,1 millones.

En 2009 había 455.000 centenarios en el mundo, en 2050 esta cifra alcanzará los 4,1 millones. ¿Cuál es el secreto de los centenarios?: Los gerontólogos aseguran que una ausencia total de inflamaciones crónicas. Si se consigue mantener un nivel de inflamaciones crónicas bajo se alcanza en los centenarios una mayor cognición.

El record de longevidad no lo tuvieron los personajes bíblicos como Matusalén, Noé u otros, el verdadero récord los ostentó Jeanne Calment, muerta en 1997, que alcanzó los 122 años y 164 días. Los genes de sus descendientes han sido estudiados y han dado resultados decepcionantes: las secuencias no revelan ninguna variación específica ligada a la longevidad. ¿Quiere decir esto que no existe el gen de la longevidad o que no ha sido localizado aún? Hasta ahora sólo está el descubrimiento de Cynthia Kenyon, bióloga de la Universidad de California, que localizó en el gusano *Caenorhabditis elegans*, un gen denominado daf–2, que desactivado multiplica la esperanza de vida del gusano por dos.

Desde 1990 más de 70 genes han demostrado su capacidad para conseguir una mayor longevidad después de ser manipulados. La mayor parte implicados en la vía de la insulina. Estos genes modificados producen restricciones caloríficas y hacen funcionar el organismo en subregímenes.

La búsqueda y manipulación genética se convierte en otro de los caminos de la longevidad.

UNA NUEVA ESPERANZA CONTRA EL ALZHEIMER Y EL PARKINSON

He aquí dos enfermedades que se ceban principalmente en la población de edad. Las dos, con síntomas y características diferentes, son debidas a una degeneración de las neuronas del cerebro, es decir, a la muerte de neuronas cerebrales, en el caso del Parkinson aquellas que producen dopamina en la sustancia negra.

Ahora una nueva técnica aún no probada en seres humanos parece ofrecer un nuevo camino de solución. La técnica se denomina sonogenética. Los experimentos han sido realizados con un gusano de la especie *Caenorhabditis elegans,* al que se ha modificado genéticamente para que algunas células de su sistema nervioso se activen con ultrasonidos, ondas sonoras imperceptibles para el oído humano. Los investigadores creen que se podría hacer que determinadas neuronas humanas fueran temporalmente sensibles a las señales de ultrasonidos en algunos tratamientos neurológicos.

2020: La sonogenética puede ser un tratamiento definitivo contra el Alzheimer y el Parkinson

Para los investigadores la sonogenética puede emplearse en un futuro próximo, dentro de cuatro o cinco años, como técnica contra el Parkinson en sustitución de la actual estimulación cerebral profunda, un tratamiento que requiere implantar un electrodo dentro del cráneo de un paciente, en el núcleo subtalámico, para estimular con electricidad zonas específicas del cerebro. También podría sustituir a la optogenética, que parece funcionar bien experimentalmente, pero que necesita, para llegar a células o tejidos profundos, una intervención quirúrgica para insertar fibra óptica.

La sonogenética tiene la ventaja, sobre la estimulación cerebral profunda y la optogenética, que no requiere cirugía

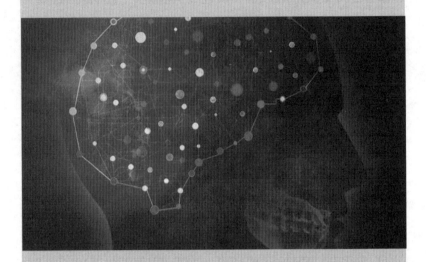

La sonogenética estudia la activación de las células del sistema nervioso mediante ultrasonidos, ondas sonoras imperceptibles para el oído humano.

invasiva, ya que los ultrasonidos viajan sin problemas por el cerebro y otros tejidos. Es como otras alternativas que tampoco requieren cirugía, gracias a proteínas más sensibles a la luz que se activan con luz infrarroja capaz de recorrer el cráneo sin abrirlo.

Ahora sólo falta saber si la inserción de material genético en las células, necesario en la optogenética y la sonogenética, puede acarrear respuestas inmunológicas. Los futuros experimentos y pruebas en ratas darán las primeras respuestas, luego, en menos de cinco años, estará la aplicación a los seres humanos.

¿Cómo mantener a una población envejecida?

La longevidad de la población plantea una serie de problemas sociales y económicos para los actuales sistemas nacionales. Algunos ven el envejecimiento de la población como una carga social, como un problema para el sistema, cuando deberíamos verlo como un triunfo de la ciencia, como una conquista de la medicina, como la gran oportunidad que generaciones distantes comportan sus experiencias de la vida, trasmitan algo más que el patrimonio genético: la ocasión de dialogar entre generaciones y transmitir verbalmente las historias de la vida.

Sin embargo, el envejecimiento de la población significa la necesidad de recursos para sostener a los ancianos y ancianas. ¿Cómo mantener una población envejecida? ¿Podrán las minorías jóvenes trabajadoras mantener unas pensiones dignas y los costes de la seguridad social?

Todo parece indicar que no. El descubrimiento de un fármaco que detenga el envejecimiento y alargue la vida, algo que no tardará en aparecer, hundirá todo los sistemas de pensiones y Seguridad Social y su financiación. Tampoco los Estados podrán hacer nada para impedir que tal producto salga al mercado. Pueden ocultarlo un tiempo, pero son tantos los laboratorios que están trabajando en esa búsqueda que será imposible esconderlo. Por otra parte existen países que no respetan las leyes internacionales y sus laboratorios investigan en campos que en otros países están prohibidos. Recordemos que Kin Il Sung, líder de Corea del Norte, abrió un centro de investigación para avanzar en el campo de la prolongación de la vida, aspecto que le obsesionaba y le ha llevado a realizarse transfusiones de sangre de jóvenes de veinte años, convencido que esto retrasaba su envejecimiento.

Por otra parte, los estados que centralicen los nuevos descubrimientos y los racionen pueden enfrentarse a una manifestación general de la población que exige acceder a algo cuya investigación ha sido financiada con los recursos de toda la humanidad.

El aumento de la longevidad plantea un grave problema de tesorería a los Estados. Los mayores de 65 años se multiplicarían. ¿Cómo encontrar una solución? No parece haber otra que poner a esos mayores de 65 años a trabajar. Reciclarlos e integrarlos a un mundo laboral más adecuado a sus posibilidades, pero tienen que producir, reciclarse. Una situación que ya hemos tratado en un capítulo anterior.

CÉLULAS MADRE, TRANSFUSIONES Y REJUVENECIMIENTO

Investigadores de la Universidad de California en Berkeley han descubierto un fármaco de moléculas pequeñas que detiene el envejecimiento en el cerebro de los ratones e impide que los músculos se atrofien por la edad.

El medicamento es capar de revertir el envejecimiento. Es decir, han conseguido que ratones viejos vuelvan a su juventud. Aunque la investigación está en las primeras etapas se presenta como un primer paso para restaurar en los viejos la juventud de sus cuerpos.

Envejecemos debido a que las células madre adultas dejan de reemplazar las células dañadas. Pero los científicos han descubierto que un medicamento conocido como inhibidor de quinasa Alk5 puede recuperar las células madre envejecidas restaurando su capacidad para mantenerlas jóvenes.

Es una investigación ambiciosa y espectacular ya que, en lugar de centrarse en los órganos individuales, este nuevo fármaco puede ser efectivo en todo el cuerpo, incluyendo el cerebro. Viejos de cien años con cuerpos y mentes de veinte años, eso es lo que promete el Alk5.

Los primeros ensayos surgieron cuando en ratones viejos con la sangre de otros más jóvenes se consiguió rejuvenecer las células madres del envejecimiento. Se pensó, inmediatamente, que se podría enfocar el descubrimiento en los pacientes con alzheimer o parkinson. Sin embargo, el descubrimiento tiene sus peligros.

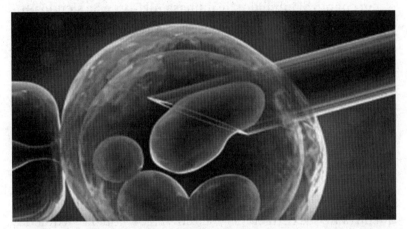

Las células madre son células con el potencial de convertirse en muchos tipos distintos de células en el organismo.

Sepamos, inicialmente, que el trasplante de células madre embrionarias mejora las funciones motoras en las ratas. Sin embargo, este procedimiento ha demostrado que no es seguro, debido al riesgo de tumores después del trasplante. Para vencer este problema, los investigadores probaron tratar las células madre embrionarias de ratón con mitomicina C, un medicamento que ya se prescribe para tratar el cáncer.

En los experimentos con ratones se comprobó que tras inyectar 50.000 células madres no tratadas a ratones estos vivieron entre tres y siete semanas pero desarrollaron tumores intracerebrales. Los ratones que recibieron las células madre tratadas mostraron cierta mejoría en enfermedades como el Parkinson y sobrevivieron 12 semanas sin tumores detectados. Este descubrimiento podría allanar el camino para los investigadores, que ahora realizan un ensayo clínico con células madre pluripotentes tratadas con mitomicina C antes de los trasplantes. También se realizarán ensayos con animales más grandes y se prevé, si no surgen complicaciones, ensayar con seres humanos antes de dos años.

En cuanto al inhibidor de quinasa Alk5, ya está siendo probado como un agente anticanceroso, y ha demostrado ser capaz de bloquear los receptores del factor de crecimiento en ratones, evitando el envejecimiento de las células madre del cuerpo. Ello demuestra que se puede conseguir que los sistemas de órganos se rejuvenezcan.

EL LADO OSCURO DE LA BÚSQUEDA DEL GRIAL DE LA INMORTALIDAD

Para algunos la investigación en la búsqueda de la prolongación de la vida desembocará en una catástrofe social. Esta búsqueda tiene sus detractores y sus enemigos, aquellos a quienes sus valores y concepto de la vida se derrumban y sólo consideran la muerte como un hecho natural e inevitable. Muchos de ellos con valores religiosos y «verdades» inamovibles.

Argumentan que el aumento de la longevidad podría tener efectos psicológicos nefastos en la reproducción y el crecimiento. Alegan que al aumentar la esperanza de vida cinco veces se alteraría de manera brutal la demografía, habría riesgo de provocar una explosión en el sistema económico en una generación y alterar la especie humana.

Otros se preguntan quién tendrá derecho a una píldora de la inmortalidad o a un cambio genético o a cualquiera de estos caros tratamientos desarrollados.

La realidad es que si como a Neo en Matrix se les ofreciera una píldora para ser inmortales la aceptarían rápidamente, aunque fuesen vestidos con un traje púrpura.

Mientras multimillonarios como Peter Thiel, cofundador de PayPal, insisten en que la muerte es el gran enemigo, al mismo tiempo que deplora la carencia de científicos con ideas audaces, y recuerda que, lo que pretende él y otros emprendedores de Silicon Valley es ayudar a los científicos a salir del *establishment* de la investigación existente en la actualidad. Así estos emprendedores de Silicon Valley, financian sus propios proyectos, sus Calicos y SENS Reserach Foundation y sus investigadores como Aubrey de Grey. Como destaca Peter Thiel se trata de vivir más tiempo para poder emprender grandes proyectos «si conseguimos la longevidad seremos mejores guardianes de la Tierra que si, por el contrario, vivimos poco tiempo (...) la gran mancha inacabada del mundo moderno es la de transformar la muerte en un problema a resolver. Espero contribuir a encontrar una solución de todas las maneras posibles».

Como explicaremos en el próximo capítulo lo que se precisa es una nueva forma de pensar para irrumpir en el *establishment*, para no tener miedo en emprender las investigaciones más fantásticas y audaces. Es por eso que la Universidad de la Singularidad en el MIT ha creado el Pensamiento singular del que hablaremos ampliamente, ya que se trata una revolución del futuro que puede transformar nuestros criterios y razonamientos.

CAPÍTULO 10

POLÍTICA DEL FUTURO Y PENSAMIENTO SINGULAR

«Una de las virtudes de los humanos es que tenemos imaginación, eso nos diferencia de los chimpancés, ya que ningún chimpancé creería en un cielo lleno de bananas para la eternidad.»

Yuval Noah Harari, profesor de la Universidad de Jerusalén

«Para cambiar las estructuras sociales, primero hay que cambiar las estructuras mentales.»

Louis Pauwels (Escalinatas del Odeón (París), mayo de 1968)

«... creo que todo el mundo puede y debe, tener una idea general de cómo funciona el Universo y de nuestro lugar en él.»

Stephen Hawking en Starmus 3

Cambiar las estructuras del Sistema

Las nuevas generaciones reclaman la necesidad de un cambio de políticos, de partidos, de ideologías, de valores, en resumen lo que quieren cambiar es el sistema. En este capítulo abordaremos las transformaciones ideológicas, neopolíticas, sociológicas que se perfilan y que van a representar un cambio en nuestros valores sociales, en la forma de ver el mundo y gobernarlo.

¿Qué quieren los ciudadanos del mundo? Hace años querían alimentos para todos y un hogar. Cuando algunos países consiguieron este objetivo, los ciudadanos quisieron que se pusiera fin a los conflictos bélicos, conseguido este segundo objetivo en algunas partes del mundo, los habitantes de estos países abogaron por tener un trabajo digno y bien remunerado.

Estas reivindicaciones sociales se han ido cumpliendo en Occidente y en algunos países de Oriente medio y sudeste asiático. Una parte de la población mundial vive en paz, dispone de alimentación, tiene un hogar y son asalariados. Muchos disfrutan de una medicina gratuita durante toda la vida, otros deben costeársela en parte o completamente. Quiero recordar en este punto que no en todos los países occidentales la asistencia sanitaria es gratuita, paradójicamente tenemos el gran gigante de la democracia, Estados Unidos, en donde los ciudadanos deben tener un seguro particular si quieren ser atendidos por los grandes centros hospitalarios.

Los jóvenes de hoy desean un trabajo que les guste, que les llene. Los adultos prefieren un bienestar social. Ambos quieren que los partidos políticos a los que votan satisfagan estas necesidades, que sus impuestos sean para mejorar la enseñanza, asegurar unos servicios ciudadanos, dar seguridad y ofrecer un ocio popular a todos.

Hasta ahora ha tratado de ser así, pero de pronto aparece una parte de la población, representada por los movimientos transhumanistas, que exige un cambio de valores. Exigen a sus compromisarios políticos, como primer punto, que la medicina, la salud y la longevidad sean los valores preferentes en los que debe invertir el Estado.

Los habitantes del siglo XXI están cansados de la mala salud, la enfermedad y de tener una vida corta. Quieren que sus impuestos reviertan, preferentemente, en la salud y el conocimiento, aspectos que van ligados. Nuestra civilización sabe que si se invierte suficiente dinero en investigar en una determinada enfermedad se logra saber sus causas y la forma de neutralizarla. Saben que si se invierte dinero acabaremos con el cáncer y otros males que nos acechan. Que incluso lograremos alargar nuestras vidas indefinidamente, aspecto que hemos tratado cuando hemos hablado de laboratorios como Calico (California Life Corporation) de Google, los laboratorios de Craig y los de Venter.

Este cambio de exigencias sociales lleva a los partidos a volcarse en una oferta y unas promesas diferentes. Y esto implica invertir preferentemente en investigar las causas de las enfermedades, ofrecer a los ciudadanos una vida más longeva, preocuparse de la vejez y remediarla, centrarse en la medicina regenerativa, dotar a los centros médicos de moderno instrumental para explorar y curar. Significa dotar con más dinero a los programas ya desarrollados sobre la investigación del cerebro, una asignatura que teníamos pendiente.

Todo este nuevo paradigma significará grandes cambios sociales y nuevos problemas. Habrá que buscar nuevas ocupaciones entre los ancianos—rejuvenecidos, formar continuamente a los ciudadanos, cambiar sus dietas y su forma de vida, incluso penalizar a aquellos que practican una vida que es, irremediablemente, causa de enfermedades.

Esclavitud asalariada

Permita el lector unas cortas reflexiones antes de entrar en lo que nos depara el futuro político social. Todos nacemos bajo Constituciones que nos garantizan una igualdad, una libertad; sin embargo eso no es así, somos parte de un sistema que es un fraude, que es un engaño para hacernos creer que somos libres, cuando en realidad somos servidores de los grandes grupos financieros.

El sistema nos hace creer en nuestra hipotética libertad. Primero los esclavos se convirtieron en siervos, y estos pasaron a trabajadores retribuidos, que no deja ser una esclavitud de los asalariados, con sus trabajos alienantes y sus obediencias a unos principios jerárquicos y autoritarios.

Cada vez se acentúa más la tendencia a superar las estructuras del Estado. La democracia es un fraude, ya que el sistema está controlado por élites autocráticas, tecnócratas y burócratas estatales, todo ello bajo el férreo control de las grandes oligarquías financieras o familiares.

Tenemos una falsa idea del poder de decidir que nos venden las democracias, es sólo un espejismo. Cada cuatro años elegimos a quien va a decidir por nosotros, y estos electos decidirán por nosotros en beneficio de sus partidos o grandes corporaciones. Y si les conviene apoyarán a la industria armamentística, lo harán apelando el peligro que corremos al estar rodeados de países que están creciendo armamentísticamente.

No nos extrañe que, engañados, cansados de los bipartidismos, empecemos a votar en nuevos partidos que no se encuadran en ninguna de las tendencias que dibuja hoy el sistema. Y como veremos más adelante, las nuevas generaciones están tratando de impulsar otras alternativas a las democracias. Inicialmente sepamos que en Estados Unidos, además de los Partidos Republicano y Demócrata, ha aparecido el Partido Transhumanista.

Zoltan Istvan For President

La campaña electoral de Estados Unidos es siempre un duelo entre el Partido Demócrata y el Partido Republicano, un bipartidismo que nos recuerda a los Laboristas y Conservadores de Inglaterra o al Partido Popular y el PSOE en España, aunque en este último país el bipartidismo parece que desaparece al surgir nuevos partidos en el ámbito electoral. En Estados Unidos el bipartidismo se ha visto irrumpido por la presencia del Partido Transhumanista que representa una tendencia moderna del pensamiento y la realidad humana.

Zoltan Istvan es candidato a Presidente de los Estados Unidos por el Partido Transhumanista con una promesa que ningún otro candidato nunca ha hecho: está ofreciendo la posibilidad de la vida eterna.

Istvan fundó el Partido Transhumanista en otoño de 2014, e inmediatamente después anunció su candidatura. Personalmente he estado en contacto con Istvan a través de SMS desde el 2012, cuando publicó la novela de ciencia–ficción titulada *The Transhumanist Wager*.

Zoltan Istvan Gyurko nació en Los Ángeles en 1973, se le considera como escritor, filósofo y transhumanista, sobre este último tema escribe una columna en *Psychology Today*. También escribe sobre temas ateos en *The Huffington Post* y ha colaborado con *The San Franscisco Chronicle*, *The Daily Caller*, *The Daily Telegraph*, *Busines Insider*, así como en *Gizmodo* de la Universidad de la Singularidad. En televisión ha salido en programas de Fox News Channel y CNN. Ha sido un viajero empedernido que ha recorrido el mundo en su velero haciendo interesantes reportajes para National Geographic Channel.

Istvan se graduó en Religión y Filosofía en la Universidad de Columbia y colabora con el Instituto Seasteading, del que hemos hablado al tratar la vida futura en el mar. Istvan es conferenciante en numerosas instituciones e Universidades.

Para demostrar su apoyo a las nuevas tecnologías que defiende el Transhumanismo, Zoltan Istvan, se hizo implantar un chip en la mano. Una modalidad realizada por Grind Fest, empresa dirigida por el biohacker Jeffery Tibbetts. Este chip funciona en la identificación por radiofrecuencia, un sistema que puede almacenar información y desbloquear dispositivos.

La implantación se realizó en 60 segundos a través de una inyección, sin producir ningún tipo de molestia ni dolor.

Zoltan Istvan, fundador del Partido Transhumanista.

TRANSHUMANIST PARTY

Putting science, health, & technology at the forefront of American politics

www.transhumanistparty.org

El Partido Transhumanista

El transhumanismo es una tendencia filosófica muy extendida en el Occidente. Sus seguidores y partidarios creen que la gente debe usar cualquier tecnología que pueda para mejorar la especie humana y luchar contra la mortalidad, incluyendo todo, desde las extremidades robóticas y órganos a la clonación y la ingeniería genética.

Istvan presenta su candidatura en California y otros Estados próximos, pero también tiene, su campaña, otros candidatos en Nueva York y Washington.

La campaña electoral de Istvan ofrece una nueva idea singular que le diferencia de otros partidos que hablan de economía, asuntos exteriores y valores tradicionales, es que Istvan ofrece la idea del transhumanismo como primer mensaje de su campaña: «Queremos prolongar nuestras vidas y vivir miles de años».

Para reforzar su lucha contra la muerte la campaña de Istvan se vale de un autobús, el autobús de la inmortalidad. Un pájaro azul Wanderlodge RV 1978, decorado como si se tratase de un gigantesco ataúd que tiene la misión de recordar a la gente lo que está en juego en su campaña.

2016: Por primera vez se presenta el Partido Transhumanista a las elecciones presidenciales de EE.UU.

Para garantizar el rigor de lo que ofrece el Partido Transhumanista que representa Itsvan, su campaña está apoyada por científicos de gran popularidad como el gerontólogo Aubrey de Grey como su asesor antienvejecimiento, Natasha Vita-More como su asesora de transhumanismo, profesor de la Universidad de la Singularidad José Cordeiro como su asesor de tecnología, y ex candidato del Congreso Democrático Gabriel Rothblatt como su asesor político.

Otro aspecto, seguramente único entre los candidatos presidenciales, Istvan ha abogado por el uso de la inteligencia artificial para reemplazar algún día al presidente de los Estados Unidos, lo que se conoce como noocracia cuyo sistema hablaremos más adelante. Istvan destaca: «La razón es que en realidad podría tener una entidad que sería verdaderamente desinteresado, realmente no influenciada por cualquier tipo de grupo de presión».

Istvan sabe y admite que no tiene casi ninguna posibilidad de ganar las elecciones de 2016, pero su principal objetivo es construir el Partido Transhumanista para poder enfrentarse a una contienda fuerte en el futuro. Destaca: «Eso no quiere decir que vaya a ganar en 2020 y 2024, por supuesto, pero creo que podemos llevar el partido Transhumanista a la par con el partido libertario o el partido verde».

EL FUTURO SON LAS NOOCRACIAS

Las noocracias son apartidistas, laicas y desjerarquizadas. Carecen de Presidentes o Primeros Ministros, y se basan en los Consejos de Sabios. Las noocracias funcionan por referéndums semanales. Las votaciones se realizan a través de la Red, por lo que es necesario la conexión de todo ciudadano que quiera votar u opinar.

En las noocracias no existen los partidos ni una figura de presidente, ni ministros, por lo que se reduce drásticamente las posibilidades de corrupción.

Las funciones de los Ministerios están representadas por los Consejos de Sabios. Existirían tantos Consejos de Sabios como Ministerios se precisen: Consejo de Sabios de Sanidad, Consejo de Sabio de Justicia, Consejo de Sabios de Investigación y Ciencia, Consejo de Sabios de Industria, Consejo de Sabios de Fuerzas Armadas, Consejo de Sabios de Economía, etc. Los Consejos de Sabios están constituidos por diez miembros técnicos en la materia: médicos en el Consejo de Sabio de Sanidad, abogados en Justicia, militares en Fuerzas Armadas, economistas en Economía, catedráticos y filósofos en Educación y Humanidades, etc.

En los Consejos de Sabios no deben existir jerarquías, sólo es válida la opinión y el voto de cada miembro respecto al tema a tratar. Como se puede apreciar los Consejos de Sabios actúan de Consejos de Ministros. Proponen leyes y reformas que someten a votación popular en los referéndums que se realizan semanalmente.

Los miembros del Consejo de Sabios pueden actuar como representantes del país en reuniones internacionales, a las que asistirá un «consejero» elegido por el Consejo correspondiente al tema que hay que se trata internacionalmente.

Los miembros del Consejo de Sabios se presentan voluntarios y son elegidos por votación popular, y sólo pueden ocupar este cargo cuatro años. Se entiende que realizan un servicio a su país. Indudablemente están remunerados. Como garantía de neutralidad de los miembros del Consejo de sabios, no pueden pertenecer a ningún partido, son apartidistas y laicos.

Los miembros del Consejo de sabio deben someter todas sus decisiones a votación popular. En las noocracias se efectúan referéndums constantes que contestan los ciudadanos, debidamente documentados e identificados, a través de internet.

Pero además los ciudadanos pueden, a través de la Red, efectuar propuestas de leyes y reformas, que serán sometidas al correspondiente Consejo de Sabios quiénes las aprobarán o rechazarán para ser sometidas a un referéndum.

Veamos brevemente un ejemplo de funcionamiento noocrático: Un ciudadano propone, a través de la Red al Consejo de Sanidad que se vacune a todos los ciudadanos contra determinada enfermedad (cáncer, por ejemplo). Su propuesta llega al Consejo de Sabios de Sanidad, resuelve si es viable o no, contesta al ciudadano y si es aceptable prepara una ley y la somete a referéndum. Si en el referéndum sale por mayoría simple es puesta en práctica.

Con las noocracias se evitan los partidos y sus tendencias de poder, se evita la corrupción y los personalismos de los líderes. Los miembros de los Consejos de Sabios son elegidos por sus facultades y conocimientos.

Creo que llegaremos a las noocracias el día que la Red esté al alcance de todos los ciudadanos. Mientras, entre el sistema actual y la consolidación de las noocracias, aparecerán instituciones regionales que actuaran para resolver los problemas de su entorno.

¿Qué es el Pensamiento singular?

Si queremos cambiar el sistema, el mundo y la sociedad precisamos tener una nueva forma de pensar, una nueva forma más original, más inteligente, menos racional y menos ortodoxa. Si cada día seguimos pensando de la misma forma el mundo y lo que nos rodea será de la misma forma. Como dice en sus conferencias públicas Emilio Duró Pamies: «Si cada día comemos zanahorias, ¿qué cagaremos?... ¡zanahorias!».

Si seguimos pensando de la misma forma el mundo no cambiará, y ya sabemos qué clase de mundo tenemos por pensar como hemos pensado. El MIT y varias Universidades de EE.UU., exigen que antes de empezar la formación académica, los alumnos realicen un curso de Pensamiento singular (PS).

Pero, ¿qué es el Pensamiento singular? Recuerdan la película *Matrix*, cuando el niño dobla con la mente delante de Neo una cucharilla. Neo coge otra cucharilla, se concentra e intenta doblarla, pero no puede, entonces el niño le alecciona diciéndole: «No intentes doblar la cuchara, lo que tienes que doblar es tu mente». Eso es Pensamiento singular, el niño ha buscado una nueva y original explicación al fenómeno con el que nos sorprendió hace año Uri Geller.

PS es no pensar linealmente, ortodoxamente, conservadoramente, porque si lo haces solo tendrás las mismas respuestas de siempre. El PS es utilizar nuestra mente buscando soluciones a los problemas por caminos no habituales, no racionales, no estructurados. Porque los caminos inesperados e insospechados pueden parecer absurdos pero ofrecen nuevas respuestas que no habíamos explorado.

Seamos sinceros este sistema nos quiere alinear para que no salgamos de él con fórmulas nuevas. El sistema dogmatiza, condiciona. Para que todo siga igual, para mantener un razonamiento encarrilado. Al sistema no le gustan las sorpresas y un mundo sin sorpresas es un mundo terriblemente aburrido. Y el PS carece de barreras, límites, sistemas fijos, verdades y dogmas intocables, valores eternos. Utilizar el SP significa aceptar ideas nuevas y revolucionarias, es sobrepasar los límites que nos imponen.

El Pensamiento singular es una alternativa cuántica, es una visión distinta, otra forma de razonar y discernir. Si las ideas actuales no funcionan no debemos tratar de cambiar esas ideas, cambiemos la fórmula de pensar sobre esa ideas, rompamos con los rigorismos del presente... hay otro pensamiento y está en nuestros cerebros.

Dicen algunos expertos que el PS es algo así como si estuviéramos en el País de Alicia que nos relata Lewis Caroll. Puede parecer absurdo, pero todo tiene una lógica aplicada a la situación que se vive.

Una sola idea inesperada puede transformarlo todo. Un pensamiento puede cambiar el mundo. Un frase singular desmontar el sistema.

El PS es buscar nuevas alternativas a los problemas y superar los inconvenientes que pueden crear ante lo inesperado y novedoso.

ALGUNAS PREMISAS DEL PENSAMIENTO SINGULAR

El PS nos obliga a pensar con una visión diferente a la «realidad» que nos rodea. Una realidad que puede perfectamente ser cuántica o incluso la posibilidad de aceptar que podemos estar viviendo en un mundo como el de *Matrix*, en un holograma. Ya que la verdad no existe. Es sólo una verdad transitoria. Por lo que no podemos sustentar nuestro pensamiento en verdades indiscutibles.

En el PS, un razonamiento como «pienso, luego existo», no es rotundo si aceptamos la posibilidad de que somos seres de un mundo basado en hologramas. Tampoco existe un mundo dual. Es un condicionamiento mental de occidente desde Zaratrustra. Somos azar y evolución.

CEREBRO Y PENSAMIENTO SINGULAR

El PS no se alcanza sin un esfuerzo mental. Es preciso navegar por rutas de pensamiento que hemos rechazado anteriormente. Rutas que tal vez no son aceptadas por el sistema actual. Pero que crearán nuevas conexiones de dendritas que unirán las neuronas del cerebro y activaran áreas insospechadas de este. Todo este proceso puede darnos una sensación agotadora, pero sólo es la sensación de actividad que se produce cuando se activan millones de neuronas.

Siempre hay que poner en duda lo que nos ofrecen como verdad y buscar otra alternativa. Debemos pensar sin miedo en las resoluciones más asombrosas, extraordinarias, portentosas e imposibles. Recordemos que en la ciencia siempre han sido las proposiciones más excéntricas y perturbadoras las que han llevado a crear las hipótesis más estables. Y, por muy descabellado que parezca un pensamiento siempre tendrá, hoy o mañana, una posibilidad de materializarse. Todo lo que alguien sea capaz de pensar, otra persona será capaz de conseguir.

Sobre todo no importa equivocarse, los grandes políticos se equivocan más que nosotros. Equivocarse no es un fracaso, es una experiencia de la que aprendemos, de la que extraemos consecuencias positivas. Es una situación que nos enseña.

Hay que buscar en los recovecos de nuestro cerebro la originalidad innata, la singularidad que está en el núcleo de nuestras neuronas inscrita desde que apareció el mundo. Está ahí porque forma parte del futuro de la humanidad, y nuestro cerebro lo almacena entre la información, que según Stephen Hawking, nunca se destruye.

Quienes practiquen el PS deben descubrir por sí mismo sus habilidades mentales, los mecanismos de su pensamiento y las formas de mejorarlo. Con el fin de utilizarlo mejor en las investigaciones y en su relación con otras personas. Es importante seguir las premisas de Daniel Goleman en su Inteligencia Emocional, hay que conseguir el dominio de las emociones. Hay que comprender las emociones de los demás y saberlas utilizar.

Finalmente destacar que el PS requiere atención y concentración y, sobre todo, liberar la intuición.

PENSAMIENTO SINGULAR Y MECÁNICA CUÁNTICA

El PS tiene un paralelismo importante con la mecánica cuántica que esbozaremos brevemente a continuación.

La mecánica cuántica nos transporta a una realidad que es difícil de aceptar y de comprender, pero el modelo estándar es lo más perfecto que se ha encontrado hasta ahora sobre la realidad de las partículas que componen el mundo. Es por esta razón que si aceptamos que nuestro mundo es cuántico, también lo es nuestro pensamiento. El mundo cuántico nos facilita una forma distinta de pensar e interpretar la realidad. Somos partículas que vibran, por lo tanto también somos consecuencia de los principios cuánticos, y formamos parte del entrelazamiento cuántico. Recordemos que nuestros pensamientos se activan en el cerebro por la «descarga» de un ion de calcio o de potasio positivo en una neurona, que se activa y activa a otras neuronas. ¿No es acaso ese ion positivo una partícula del mundo subatómico?

Si en el mundo cuántico el solo hecho de observar una partícula significa modificarla, nosotros con nuestro PS por el solo hecho de pensar estamos transformado el mundo.

En mecánica cuántica la realidad sólo existe cuando la observamos, por lo tanto esa realidad está sujeta a nuestros pensamientos. Según la interpretación de la Escuela de Copenhague, antes de que observemos un objeto, este existe de todas las formas posibles, incluso las más absurdas. Somos nosotros quienes hemos elegido, consciente o inconscientemente la realidad que surge ante nosotros. Nuestro pensamiento actúa en todas las condiciones posibles. Y si pensamos en cambiar la realidad cambiamos el mundo.

Tenemos que aceptar que nuestro pensamiento está sujeto a la dualidad onda partícula. Como partícula se concentra en un solo punto, como onda se despliega en el espacio.

El principio de localidad destaca que sólo influimos en los objetos que podemos tocar, por eso nuestro, mundo nos parece local. La mecánica cuántica incluye acciones a distancia, no es local, podemos afectar a algo sin tocarlo.

Esto ha sido sólo un bosquejo del complejo mundo de la realidad cuántica y el PS.

EPÍLOGO

Vivimos en el mejor momento de la historia. Hemos estado mucho tiempo mirando el pasado, temiendo que lo nuevo fuera negativo y creyendo que lo bueno había ocurrido antes, por eso hemos imitado ese pasado en vez de inventar, sin miedo, nuevos modelos de futuros. Hemos progresado pero avanzado con miedo, y ese miedo lo hemos contagiado a la sociedad y ahora, como destaca Kia Nobre: «A la gente le da miedo pensar, reflexionar sobre los grandes misterios de la vida». Pero también le da miedo la posibilidad de cambiar la realidad que vive, porque siempre elige el camino más corto, menos complejo, es como si pensar en una nueva realidad significase una pesadilla o un fuerte dolor de cabeza, cuando es tan solo un ejercicio de imaginación, algo que muchos se niegan a realizar.

Debemos renunciar al pensamiento lineal, un hecho que no nos permite ver las cosas de otra manera, ese abandono nos proporcionará algo que nos falta desde hace mucho tiempo: asómbranos por las ideas que aparecen.

Los programas de los partidos políticos, sus proclamas electorales no sirven para nada en un mundo que cambia a gran velocidad. Situación que provoca que los políticos se vean abocados a improvisar, y muy pocos tienen la inteligencia necesaria, el Pensamiento singular, para crear las improvisaciones adecuadas.

Las nuevas ideas son modelos que debemos experimentar, de la misma manera que la física o la química experimenta, los sistemas sociales y políticos deben de experimentar, poner en marcha sus modelos y escenarios hipotéticos. Precisamos cambios con imaginación, ya que sabemos que unas cuantas reformas no van a solucionar los problemas actuales.

Seamos sinceros y admitamos que izquierda y derecha ya no son referentes, que las democracias no son perfectas y que debemos buscar otros modelos más originales. Conformarnos con lo que existe hoy es limitar nuestro cerebro. Creemos erróneamente que el sistema actual capitalista y democrático es el mejor modelo a seguir. El auge del capitalismo despótico, absorbente y tirano ha derrumbado la presunción popular de Francis Fukuyama, de que la democracia liberal ha demostrado ser el sistema político más fiable y duradero. Fukuyama, que calificó el transhumanismo como «la idea más peligrosa del mundo», acostumbra a equivocarse, no ve que las democracias tienen comportamientos decadentes e hipócritas que les llevan a defender sus valores universales y, al mismo tiempo, hacer caso omiso de los mismos cuando no les interesan. La cruel realidad es que mientras mueren millones de personas por hambre en el planeta, vemos con asombro que ochenta familias en este sistema social tienen la mitad del patrimonio de todo el mundo.

FUENTES

Capítulo I

Uno de cada mil habitantes es científico.

El lector encontrará los datos de este apartado en la Revista *Nature* en 2012, tras realizar una encuesta entre 1.400 científicos, de los que un 62% utilizan metilfenidato (MFD)

Una física plagada de anomalías.

Datos aportados por el detector LHCb que hizo público el CERN en el 2015.

Líneas de actuación.

La NASA y ESA (European Space Agency) son los principales responsables del lanzamiento del James Webb, un proyecto en que se han producido fuertes retrasos y sobrepasado los presupuestos iniciales.

El Instituto Tecnológico de Massachusetts (MIT), con los otros centros citados llevan las riendas del programa Brain en EE.UU. Las memorias del Congreso de EE.UU, recogen las condiciones y acuerdos de este programa firmado por el presidente Obama.

Instituto Allen para la Ciencia del Cerebro, EE.UU.

Defense Advance Research Projects Agency (DARPA). La mayor parte de las investigaciones de esta agencia militar tiene carácter reservado, pero se sabe que trabajan en programas de telepatía cerebral.

¿Cómo transmitir este conocimiento a los ciudadanos?

La revista *Nature*, en varios de sus ejemplares insiste en la necesidad de transmitir de una forma comprensible los conocimientos a la población. El lector también encontrará referencias a este tema en las dos entrevistas realizadas a Stephen Hawking con motivo de su presencia en Starmus 1 y 2 en Canarias.

¿Qué estudios tendrán más salida?

El Instituto Nacional de Estadística (INI) de España; la Federación Española de Empresas de Tecnología Sanitaria; el Centro Superior de Investigaciones Científicas CSIC; el Departamento de Ciencias Experimentales y de la Salud de la Universidad Pompeu Fabra de BCN. Los centros citados, destacan estas estadísticas de empleo, basándose en la demanda de las empresas de diferentes sectores, así como sus previsiones de cara al futuro.

Universidades para el Pensamiento singular.

En muchos cursos del Instituto Tecnológico de Massachusetts (MIT), en EE.UU, se exige a los alumnos la realización de un curso previo de un mes de Pensamiento singular. En la actualidad existen otras universidades que han seguido su ejemplo, como Stanford y Cambridge.

Capítulo II

La nueva nanomedicina.

El lector que desee más información, puede recurrir a la Universidad de Texas (Departamento de Medicina), donde se han desarrollado las nuevas nanoestructuras capaces de penetrar en la célula de un tumor.

Nanoindustria para el medioambiente.

Todo lo referente a los avances en el campo de la nanoindustria pueden consultarse especialmente en el Centro de Nanotecnología de Estados Unidos, así como en el Centro Superior de Investigación Científica de España. Los grandes programas de este campo, el lector los encontrará en Defense Advance Research Projects Agency (DARPA). También en el Observatorio de Materiales del Sistema de Observación y Prospección Tecnológica (SOPT), de Estados Unidos, ofrece abundante información, y desde hace años la revista española *Investigación y Ciencia*, publica mensualmente artículos que hablan sobre los avances de la nanotecnología

Los últimos automóvies y nuevos móviles.

Google es una de las empresas más avanzadas en la construcción de vehículos sin conductor, el lector encontrará información en internet, igual que la empresa BMW y Mercedes Benz.

Policía Nanotecnológicos.

Sobre las ventajas de la nanotecnología en la investigación policial, se encontrará información en varias revistas, como *Science & Avenir* nº 817, o la revista *ONE Magazine* nº 18. También a través del equipo de Bruce McCord de la Universidad Internacional de Florida o en la Universidad de Tel Aviv, esta última una de las más avanzadas en este campo.

La aplicación en la Nanoguerra

El Instituto de Nanotecnología Militar (INM), es sin duda la institución, junto a DARPA, con mayor información en la Nanoguerra.

Capítulo III

Tiramos el 32% de los alimentos.

Los datos de este capítulo han sido obtenidos de la Organización Mundial para la Agricultura y la Alimentación, (FAO); otra fuente importante ha sido el Bank of América Merrill Lynch.

Morir de hambre y morir de saciedad.

El lector encontrará referencia a este tema en el Instituto de Tecnología de los Alimentos (ITF) USA; así como en el Centro Nacional de Investigación Oncológica (CNIO) Catalunya.

¿Debemos seguir comiendo carne?

Los datos sobre el consumo de carne proceden de la Organización Mundial para Agricultura y la Alimentación (FAO). El lector interesado en las industrias contaminantes encontrará más datos en el Ministerio de Agricultura, Alimentación y Medio Ambiente.

Capítulo IV

Los nuevos amos del mundo.

El Centro Nacional de Supercomputación Mare Nostrum 3, de Barcelona, facilita visitas informativas sobre este Computador.

Robots con IA

Para aquel lector que esté preocupado por los avances de la robótica y la posibilidad de robots asesinos replicantes, le recomiendo consulte el Comité Internacional para el Control de los Robots Armados (ICRAC), así como el Centro de Estudios de Riesgo Existencial de Cambridge.

The Cloud.

La revista *Wired* es la que ha dado más información sobre la nube a lo largo de 2015.

Predicciones de Kurzweil.

Las predicciones de Kurzweil han sido publicadas por el Instituto Tecnológico de Massachusetts (MIT), el lector encontrará más detalles en este Instituto.

Los próximos diez años según Diamandis.

Tanto la Universidad de la Singularidad en el MIT, como la Fundación X Priz, han hecho público estas predicciones de Diamandis.

Capítulo V

Un modelo socio—económico en crecimiento.

El lector encontrará más datos sobre los modelos económicos en el Pew Research Centre; El Instituto Nacional de Estadística (INE) en España y muy especialmente en la Oficina de Censo de EE.UU.

El Informe sobre la Libertad Religiosa en el Mundo se publicó en todos los medios informativos a principios del 2015.

Algo sobre exoesqueletos.

Si el lector está interesado en los avances en el campo de los exoesqueletos, le recomiendo consultar Defense Advance Research Projects Agency (DARPA) en EE.UU., agencia que ha desarrollado los modelos más avanzados.

Cybathlon.

Todos los datos, normas y fechas de esta paraolimpiada los encontrará el lector en el Centro Nacional Suiza de Competencia de Investigación en Robótica (Robotics NCCR).

Los retos que nos depara el espacio.

La información sobre este capítulo proceden del Instituto de Ciencias del Cosmo (ICCUB); la NASA y ESA; el proyecto ONE Mars y la revista *National Geographic*.

Capítulo VI

Viejos cada vez más jóvenes.

En la Revista *Science et Avenir* (septiembre 2015) el lector encontrará un amplio dossier sobre este tema.

Entre los muchos centros que están investigando para la longevidad, recomiendo al lector el Instituto Barshop para el Estudio de la Longevidad y el Envejecimiento (EE.UU), y la Fundación Matusalen (SENS Research). Para los que estén interesados en *antiaging* recomiendo los tratamientos y dietas descritos por el Instituto Frontier de Denver EE.UU.; y más información en el National Institut Antiaging, EE.UU.

En el Instituto Nacional de Estadística de España, el lector encontrará las pirámides de envejecimiento de la población española en los últimos años y en las diferentes regiones del País.

¿Hasta cuándo durará la hucha de las pensiones?

Los datos de la hucha de pensiones provienen del Instituto Nacional de Estadística, y del Ministerio de Empleo y Seguridad Social, pero muy especialmente del informe de Towers Waston, hecho público en verano del 2015.

La generación Z y el sentido de la vida.

Sobre la generación Z se trata de un desarrollo del autor, pero el lector puede acceder a datos sobre la juventud actual a través del Centro Reina Sofía sobre Adolescencia y Juventud. En cuanto al sentido de la vida recomiendo los informes de la Fundación Richard Dawkins para el Desarrollo de la Ciencia.

Oligarquías, armas y pobreza.

Los datos que aparecen en este capítulo corresponde a un resumen del Informe Whitehead. El lector puede consultar el informe, a través de internet, si está interesado en más datos.

Capítulo VII

Francia, un ejemplo a seguir.

Todo el proyecto de ahorro de energía en Francia para los próximos años ha sido publicado por la Asamblea Nacional Francesa. El lector encontrará más datos en *Science & Vie* de septiembre del 2015.

En busca del Grial energético.

El lector encontrará más información en Science & Vie de septiembre 2015, así como en la Organización Internacional de Energía Atómica (OIEA).

Por tierra a la velocidad de un avión.

Sobre el tren de alta velocidad Hyperloop, el lector puede consultar directamente a Hyperloop Transport Technology. También a la National Transportation Safety Board (NTSB) y la Northead Magkev.

Por aire a la velocidad de un cohete.

Las fuentes informativas de este apartado son de IATA y AENA, así como la Administración Federal de Aviación y la Agencia Estatal de Seguridad Aérea (AESA). También provienen de Virgin Galactic.

El mar, un nuevo continente a poblar.

Seasteading Institut facilita una amplia información sobre sus proyectos de ciudades en el mar, así como Biosphera 2 y la empresa japonesa Shimizu Corporation.

Capítulo VIII

La medicina P4.

Muchos datos de este capítulo han sido obtenidos a través de la Fundación Matusalen y el Buck Institute.

El futuro de la salud con Google.

Para recabar información de los programas de Google hay que dirigirse a California Life Corporation (Calico).

Un gran descubrimiento que pasó inadvertido.

Uno de los centros de mayor prestigio en España es el Institut de Recerca Biomèdica de Barcelona (IRB).

Modificar genes para crear seres a la carta.

Para los interesados en este tema recomiendo la Universidad de *Sun Yat—sen*, en China o la revista *Protein & Cell*.

El nuevo instrumental.

La Sociedad Española de Radiología (SERAM) y la Federación Española de Empresas de Técnicas sanitarias, han publicado amplios informes sobre el material de Radiología en España y su antigüedad.

Capítulo IX

Del mundo del doctor Dolittle...

Dentro del campo de regeneración biológica el lector encontrará información a través del Centro de la Universidad de Tufts para Regenerativa Biología del Desarrollo. Así como en casi todos los ejemplares de la revista *Biología Integrativa y Comunicación*.

El primer paso para el cerebro biónico,

Los datos sobre esta temática provienen de las investigaciones de la Universidad RMIT en Australia, y del Instituto Allen para la Ciencia del Cerebro. El lector interesado puede consultar el Center for Computere—medited Epistemology de la Universidad de Aalborg en Dinamarca.

En busca de la inmortalidad.

Son varias las Fundaciones que trabajan en este campo, pero los datos obtenidos corresponden a la Foundation SENS, Calico, Lawrence Ellison Medical Foundation.

En busca del elixir de la inmortalidad.

Trabajan especialmente en este campo la Universidad de Cardiff, y el Instituto Barshop para el Estudio de la Longevidad y el Envejecimiento.

Una nueva esperanza...

Si el lector desea saber más sobre el tema, los datos de este apartado corresponde al Instituto Salk en La Jolla (EE.UU.), Nature Comunications, y la Fundación ICREA en el Instituto de Bioingeniería de Catalunya.

Capítulo X

El lector interesado puede recurrir a la Fundación Richard Dawkins para la Razón y la Ciencia. Y en lo que respecta a los partidos transhumanistas le recomiendo dirigirse a Boston World Transhumanist Association o al Transhumanist Party.

Breve historia en fechas del Transhumanismo

1923

En 1923 el genetista J.B.S. Haldane en su ensayo *Dédalo e Icaro: la ciencia y el futuro*, ya predice los beneficios que aportará la biología en el futuro, para la humanidad, así como la posibilidad de prolongar la vida.

1929

J. D. Bernal, cristalógrafo de la Universidad de Cambridge, escribe en 1929 *El mundo, la carne y el diablo* en el que habla del futuro y los cambios radicales que aportará en el cuerpo humano.

1957

En 1957, T.H. Huxley, acuñó el término «transhumanismo» y destaca en uno de sus ensayos que: «La especie humana puede, si lo desea, trascenderse a sí misma, en su totalidad como humanidad».

1965

En Francia nace Cryonics de Francia, impulsada por Ettinger y Anatole Dolinoff, con los que el autor de este libro colabora en varias investigaciones relacionadas con los problemas de la criogenización en los seres humanos. Publica diversos artículos divulgación del tema en varias revistas y el libro *La medicine du futur*, un ensayo transhumanista de la lucha contra la muerte.

1968

Se crea Cryonics de España, cuyo presidente es Jorge Blaschke. En Cryonics España se divulga la criogenia. Jorge Blaschke y Dalí se entrevistan en Barcelona por el interés del pintor en criogenizarse.

1973

Se crea en Barcelona el primer Grupo de Prospectiva, cuyo presidente es Antonio Ferrero y vicepresidente Jorge Blaschke. Se realiza el Primer Simposio de Prospectiva de España. Se divulgan las técnicas de prospectiva y se realizan trabajos de exploración del futuro, las tecnologías y la inmortalidad.

1980

En 1980, en la Universidad de California, Natasha Vita–More presenta su película experimental *Breaking Away* y empieza a organizar encuentros transhumanistas.

1982

Natasha Vita—More escribe *Transhumanist Arts Statement.*

1986

En 1986 Eric Drexler publica varios ensayos sobre las posibilidades de la nanotecnología y funda el Foresight Institute. Nace Alcor Life Extensión Foundation para estudiar la cryogenia.

1988

Natasha Vita-More lanza un canal televisivo, Trans Century Update, sobre la transhumanidad. Hoy los artistas transhumanistas están representados por la francesa Orlan; el austríaco Stelac, la serbia Marina Abramovic y el americano Matthew Barney.

1990

Max More funda el Instituto Extropiano, estableciendo los fundamentos del transhumanismo moderno, en los que destaca: «El transhumanismo es una filosofía que busca guiarnos a una condición poshumana. El transhumanismo comparte elementos humanistas como la razón, la ciencia y un compromiso con el progreso, así como una valoración de la existencia humana».

1997

Desde 1995 Jorge Blaschke colabora con el Instituto de Psicología Transpersonal en el estudio y la investigación de los Estados Modificados de Consciencia (EMC). Se celebra diversos congresos (5) y en 1997 se crea la Asociación Catalana de Psicología Transpersonal, de la que Jorge Blaschke ocupa el cargo de secretario. Publica el libro *Introducción a la Psicología Transpersonal.*

1998

En 1998 los filósofos Nick Bostrom y David Pearce fundaron Word Transhumanist Association (WTA), organización internacional que trabaja por el reconocimiento del transhumanismo como objetivo legítimo de la investigación científica y política.

1999

Se redacta la Declaración Transhumanista (The Transhumanist FAQ), en cuyas bases podemos leer:

1. El Transhumanismo es el movimiento intelectual y cultural que afirma la posibilidad y la deseabilidad de mejorar fundamentalmente la condición humana a través de la razón aplicada, especialmente desarrollando y haciendo disponibles tecnologías para eliminar el envejecimiento y mejorar en gran medida las capacidades intelectuales, físicas y psicológicas.
2. El Transhumanismo también abarca el estudio de las ramificaciones, promesas y peligros potenciales de las tecnologías que nos permitirán superar limitaciones humanas fundamentales, y los estudios relacionados de las materias éticas involucradas en desarrollar y emplear tales tecnologías.

2012

En Silicon Valley tiene lugar una reunión con la presencia transhumanista como R. Kurzweil (Fundador de la Universidad de la Singularidad en el MIT), Dimitry Itskov (magnate medios de comunicación en Rusia), Peter Diamandis (cofundador de la Universidad de la Singularidad), Richard Branson (Propietario de Virgin y 360 empresas más), Sergey Brin y Larry Page (fundadores de Google). En esta reunión nace Initiative 2045 para conseguir la inmortalidad. Se crea CALICO (California Life Corporation) laboratorio para investigar y desarrollar Avatares.

2013

En un congreso en nueva York, Kurzweil e Itskov anuncian la creación de Initiative 2045, reciben el apoyo de la mayoría de los científicos presentes y del Dalai Lama. La semana siguiente la portada de la revista *TIME* es: «Google apuesta por la Inmortalidad».

2014

Zoltan Istvan se presenta para presidente de Estados Unidos apoyado por el Partido Transhumanista. El autor de este libro publica: *Cerebro 2.0 e Inmortal: la vida en un clic, Ponga un robot en su vida,* con los que alcanza la cifra de más de 60 libros publicados. También, a través de los libros y otras publicaciones apoya la Fundación de Richard Dawkins y el Partido Transhumanista de Zoltan Istvan.

LAS CIFRAS DEL FUTURO

Existen algunas cifras sobre las extrapolaciones del futuro que estremecen y sumen en profundas reflexiones. Son cifras que nos van a crear problemas y que difícilmente vamos a poder detener.

2020

La Universidad de Harvard prevé que el número de personas afectadas por problemas psiquiátricos aumentará de una forma sustancial en todo el planeta. Según los cálculos de la Universidad de Harvard, en torno a 2020 la depresión sólo estará por debajo de las isquemias cardíacas en la lista de las enfermedades de discapacidad de todo el mundo.

2025

La contaminación de los océanos es un tema preocupante. Esta contaminación se refleja en los vertidos y en los plásticos no biodegradables. En el 2015 flotaban sobre los océanos 300 millones de toneladas de plásticos, se calcula que en el 2025 esta cifra será de 455 millones de toneladas.

2025

Uno de los grandes problemas de nuestra civilización es el almacenamiento de los residuos nucleares de uranio, el combustible gastado de las centrales nucleares que sigue siendo una amenaza después de su uso. En el 2012 había 70.000 toneladas métricas de ese combustible, para el 2025 habrá 100.000 toneladas métricas.

2025 – 2050

La sequía y la escasez de agua es otro de los jinetes del Apocalipsis que nos amenaza. Según datos de la ONU en el año 2025 más de 2.800 millones de personas vivirán en 46 países con escasez de agua. Esa cifra aumentará 54 países en 2050.

2045

Si sigue el ritmo de inmigración, los cambios demográficos harán que en 2045, en África subsahariana haya el triple de población que en Europa.

2040 – 2050

Podría citar extrapolaciones de muchas enfermedades, pero solamente mencionaré el Parkinson y el Alzheimer. En la actualidad hay más de cuatro millones de afectados de Parkinson, enfermedad degenerativa de las neuronas del cerebro que crece al ritmo de 50.000 casos cada año. Si no se ha encontrado un remedio en el 2040 se prevé que habrá ocho millones de enfermos. El Alzheimer refleja cifras más pavorosas, ya que en la actualidad el número de afectados es 35 millones, y en el año 2050 esa cifra habrá alcanzado los 115 millones.

2050

En la actualidad hay 17.000 especies en peligro de extinción, de las que algunos expertos creen que en 2050 habrán desaparecido entre el 30% y el 40%.

2025 – 2100

El aumento de la población mundial es otros los problemas con los que se enfrentará la civilización. Para 2025, si sigue el mismo ritmo de crecimiento, seremos 8.100 millones de habitantes, en el 2050 la cifra habrá ascendido a 9.600 millones y el 2100 seremos 10.900 millones de habitantes en todo el mundo. La población urbana era en 2014 de 3.900 millones de personas, en el 2050 será de 6.400 millones de personas.

2100

El aumento del nivel del mar sumergirá muchas islas e inundará un gran número de zonas costeras. Desde 1992 hasta 2015 el aumento ha sido de 8 centímetros, para 2100 ese aumento será de 90 centímetros.

2100

La esperanza de vida representa una mejor sanidad y más longevidad, pero una población vieja también significa un sobrecoste de mantenimiento. Entre 2045 a 2050 está previsto que la esperanza de vida media sea de 76 años; entre 2095 y 2100 que alcance los 82 años; y ya en el 2100 los 89 años. En el 2020 habrá en Estados Unidos 110 centenarios, en China 50 y en España 30. En el 2050 el número de centenarios en el mundo alcanzará la cifra de 4,1 millones, y en ese mismo año el 21,2% de la población mundial tendrá más de 60 años.

2100

El aumento de temperatura, es decir el calentamiento global es una preocupación para todas las naciones, ya que significa deshielo, sequías e imprevisibles cambios climatológicos, al margen de las consecuencias sociales y los desplazamientos masivos de población. Según los datos del informe de IPCC de 2014, en el mejor de los casos se prevé que a finales de este siglo el aumento de temperatura sea entre 0,3° C y 1,7°C. El modelo más pesimista prevé un aumento entre 2,6° C y 4,8°C.

2115 – 2315

En la actualidad se talan árboles en el mundo a un ritmo que representa una pérdida anual de 10.000 millones de ejemplares. Si este ritmo persiste sólo quedarán en 2115 dos millones de ejemplares; en el 2215, un millón de ejemplares; y en 2315 ya no quedarán árboles sobre la superficie terrestre.

BIBLIOGRAFÍA

Bertrand, Bernard. *Vivre sans pétrole*, Plume de carotte, París 2015.

Blaschke, Jorge. *La ciencia de lo imposible*, Ediciones Robinbook, Barcelona, 2012.

Blaschke, Jorge. *Los gatos sueñan con física cuántica y los perros con Universos paralelos*, Ediciones Robinbook, Barcelona, 2012.

Blaschke, Jorge. *Los pájaros se orientan con física cuántica*, Ediciones Robinbook, Barcelona, 2013.

Blaschke, Jorge. *Cerebro 2.0*, Ediciones Robinbook, Barcelona. 2013.

Blaschke, Jorge. *Inmortalidad. La vida en un clic*, Ediciones Robinbook, Barcelona, 2014.

Blaschke, Jorge. *Ponga un robot en su vida*, Ediciones Robinbook, Barcelona, 2015.

Bostrom, Nick. *Intelligence: Caminos, peligros, estrategias*, Oxford University Press, 2013.

Brockman, Jhon. *Los próximos cincuenta años*. Editorial Kairós, Barcelona, 2004.

Boulay, M, y Steyer, S. *Demain les animaux du future*, Belin, París, 2015.

Chomsky, Noam. *El gobierno en el futuro*, Anagrama, Barcelona, 2005.

Clarke, Richard y Kanake, Robert. *Cyberwar*, Hardcover Edition, EE.UU., 2010.

Delort, Pierre. *Le Big Data*, PUF, París, 2015.

Göran Therborn. *La desigualdad mata*, Alianza Editorial, Madrid, 2015.

Klein, Naomi. *Tout peut Changer*, Actes Sud/Lux, París, 2015.

Kurzweil, Ray. *La singularidad está cerca*, Lola Books, 2012.

Kurzweil, Raymond. *How to create Mind*, Lola Books, California, 2005.

Mazzucato, Mariana. *El estado emprendedor*, RBA, Barcelona, 2014.

Mishra, Pankaj. *De las ruinas de los imperios*, Galaxia Gutenberg, Barcelona, 2014.

Morris, Ian. *¿Por qué manda Occidente...por ahora?* Ático de los Libros, Barcelona, 2015.

Naim, Moisés. *El fin del poder*, Editorial Debate, Barcelona, 2013.

Oven, Jones. *El establishment.* La casta desnuda, Sex Barral, Barcelona. 2015.

Piketty, Thomas. *La economía de las desigualdades*, Anagrama, Barcelona, 2015.

Revelli, Marco. *La lucha de clases existe...¡y han ganado los ricos!* Alianza Editorial, Madrid, 2015.

Simón, Pedro. *Peligro de derrumbe*, La Esfera de los Libros, Madrid, 2015.

Sussan, Rémi. *Demain les mondes virtuels*, Editorial FYP, París, 2009.

Talwar, Robit. *The future of business*, BJ Murphy, EE.UU., 2015.

Thiel, Peter. *La educación de un libertario*, 2009.

Wolf, Martin. *La gran crisis: cambios y consecuencias*, Deusto, Barcelona, 2014.

Zetter, Kim. *Countdown to zero day: Stuxnet and the launch of the world´s first digital weapon*, Edit. Crown, London, 2014.

Zoltan, Istvan. *The Transhumanist Wager*, Futurity Imagina Media, EE.UU., 2013.

Por el mismo autor:

CEREBRO 2.0

Jorge Blaschke

Desde los neurotransmisores y las smart drugs a las moléculas, que dopan la inteligencia y la memoria, y a las neuroprótesis.

Por fin se ha iniciado la gran aventura de explorar el sistema más complejo y desconocido que conocemos en el Universo: la exploración del cerebro humano. Varios proyectos europeos relacionados con la neuromedicina se han lanzado a la exploración del cerebro humano durante los próximos años con importantes inversiones.

Jorge Blaschke, autor de numerosos best sellers de divulgación científica, desvela cuáles son esos retos para el futuro así como todo aquello que sucede en el interior de la mente.

INMORTAL: la vida en un clic

Jorge Blaschke

Initiative 2045

La inmortalidad cibernética y el camino que nos conduce al futuro

El autor de este libro desgrana cómo está siendo esa carrera por la inmortalidad y cuáles pueden ser sus consecuencias, un debate que sin duda no dejará indiferente a nadie. Y para ello no duda en hacer una incursión por los más modernos laboratorios de medio mundo para saber hasta dónde han llegado las actuales investigaciones y cuáles van a ser sus próximos pasos.

PONGA UN ROBOT EN SU VIDA

Jorge Blaschke

El mundo de la robótica y la inteligencia artificial en la actualidad y en el futuro.

La inteligencia artificial y la robótica van a cambiar el mundo tal y como lo conocemos. Esta revolución silenciosa se adentró hace tiempo en nuestras vidas y está transformando la sociedad. Este libro nos acerca al mundo de la robótica de una manera amena, detallando los diversos empleos de unas máquinas pensadas para facilitar las tareas diarias y abriendo el debate sobre si estamos ante el mayor reto de la humanidad o ante el último capítulo de la historia del hombre si no se asumen sus riesgos.

LOS GATOS SUEÑAN CON FÍSICA CUÁNTICA Y LOS PERROS CON UNIVERSOS PARALELOS

Jorge Blaschke

Conozca los entresijos de la mecánica cuántica, uno de los más grandes avances del conocimiento humano en los últimos años

Jorge Blaschke se adentra en los pantanosos terrenos de la mecánica cuántica para desbrozar el significado de esta fantástica aventura que ha emprendido el ser humano en busca de respuestas que atenazan su existencia. Porque es en el ámbito de esta rama de la ciencia donde se está produciendo uno de los mayores avances en el conocimiento humano, y la prueba más reciente es el bosón de Higgs, la llamada partícula de la vida.

LOS PÁJAROS SE ORIENTAN CON LA FÍSICA CUÁNTICA Y EL DÍA QUE HAWKING PERDIÓ SU APUESTA

Jorge Blaschke

Conozca la realidad de la mecánica cuántica, un nuevo paradigma que nos anticipa el futuro.

Tras publicar con notable éxito *Los gatos sueñan con física cuántica y los perros con universos paralelos*, Jorge Blaschke ofrece un nuevo libro para divulgar aspectos del mundo cuántico que nos acecha. De manera accesible y amena, profundiza en nuevos modelos del paradigma cuántico descubriendo implicaciones en el mundo de lo infinitamente pequeño, lo infinitamente grande y el mundo intermedio. Al leer este libro el lector descubrirá, asombrado, cómo este paradigma cuántico afecta al ser humano y cómo condiciona la vida en el futuro que se aproxima.

LA CIENCIA DE LO IMPOSIBLE

Jorge Blaschke

Conozca qué nuevos y sorprendentes descubrimientos hará la ciencia los próximos años.

Michio Kaku es un gran divulgador científico que ha hecho del rigor su principal bandera y de sus predicciones, un moderno laboratorio en el que científicos de medio mundo se han lanzado a investigar. No en vano Kaku anticipa que estamos al borde de una revolución tecnológica sin precedentes pero que con las herramientas y conocimientos adecuados no hemos de temer nada ya que podremos asumir el control de nuestro futuro. Jorge Blaschke se ha encargado de diseccionar los planteamientos de Michio Kaku para hacerlos llegar al lector en toda su magnitud, analizando los planteamientos de este famoso físico estadounidense de una manera didáctica e inteligible.